图说核桃
周年修剪与管理

张鹏飞 主编

化学工业出版社

·北京·

图书在版编目（CIP）数据

图说核桃周年修剪与管理/张鹏飞主编．—北京：
化学工业出版社，2015.11
ISBN 978-7-122-25137-4

Ⅰ.①图… Ⅱ.①张… Ⅲ.①核桃-果树园艺-图集
Ⅳ.①S664.1-64

中国版本图书馆 CIP 数据核字（2015）第 218037 号

责任编辑：张林爽　邵桂林　　　　装帧设计：关　飞
责任校对：吴　静

出版发行：化学工业出版社（北京市东城区青年湖南街 13 号　邮政编码 100011）
印　　装：大厂聚鑫印刷有限责任公司
850mm×1168mm　1/32　印张 6½　字数 174 千字
2015 年 11 月北京第 1 版第 1 次印刷

购书咨询：010-64518888（传真：010-64519686）　　售后服务：010-64518899
网　　址：http://www.cip.com.cn
凡购买本书，如有缺损质量问题，本社销售中心负责调换。

定　　价：25.00 元　　　　　　　　　　　版权所有　违者必究

编 写 人 员

主　编　张鹏飞

副主编　杨　凯　刘亚令

参　编　(按姓名笔画排序)

　　　　牛铁泉 (山西农业大学)

　　　　刘亚令 (山西农业大学)

　　　　刘群龙 (山西农业大学)

　　　　杨　凯 (山西省农科院果树研究所)

　　　　杨俊强 (山西省农科院园艺研究所)

　　　　宋宇琴 (山西农业大学)

　　　　张国强 (山西省运城市果业发展中心)

　　　　张鹏飞 (山西农业大学)

　　　　赵彦华 (山西省农科院果树研究所)

　　　　郝燕燕 (山西农业大学)

绘　图　段良骅 (山西农业大学)

前　言 ▶▶▶

目前我国核桃栽培总面积已达 252 万公顷，在核桃快速发展的过程中，重栽不重管的现象十分普遍，许多核桃树自栽植后从未进行过整形修剪工作。究其原因，一方面是农民受传统思想的影响，不注重管理，技术投入、资金投入和时间投入等严重不足；另一方面是核桃管理人员的技术水平普遍较低，在生产中直接参与核桃管理的技术人员大多是在 20 世纪 70～80 年代培养起来的，主要学习的是晚实核桃的修剪技术，而现在栽植的幼树主要是早实核桃，二者的差别很大，不能用晚实核桃的方法来管理早实核桃。另外，生产中核桃的丰产示范园很少，许多人都没有看到过核桃丰产时是什么样子，更不用说知道怎么去做了。

核桃该如何修剪，可谓仁者见仁，智者见智，生产中每棵核桃树的生长情况都不相同，树形更是千差万别，符合丰产结构的树少之又少，通过加强管理后可发挥巨大的增产潜力。需要注意的是核桃的修剪是一环扣一环的，各个时期都有不同的修剪任务，如果某个时期没有修剪或修剪不到位，会给后续修剪带来很大的麻烦，因此必须坚持连续修剪，每年集中修剪 2～3 次。

古语云："读万卷书行万里路"，读书是掌握基本理论和知识，行路就是要去实践。核桃的管理从来都是"理论＋实践"的过程，不能离开实践空谈理论，也不能埋头实践不顾理论。因为理论是许多的人经过实践后总结出来的，离开理论直接去实践只能事倍功半。要先从书本中学习核桃的生长发育规律，如果到地里看到一棵树后不清楚哪是主枝、哪是枝组，修剪起来就无从下手。希望我们的修剪者从最基本的知识学起，把理论知识和修剪实践联系起来，知道基本的修剪方法和修剪反应，再踏踏实实地去修剪。边实践边学习理论，二者相互结合，相互促进，就能很快提高修剪技术水平。我们力求将最简单的技术方案告诉农民，以解决现在核桃修剪中出现的问题，集中进行技术培训和示范修剪是快速提高修剪技能的有效途径。

编者近年来在山西各地开展了许多核桃修剪技术培训和指导，深感农民对核桃修剪技术有迫切需求，2015年又承担了山西省"边远贫困地区、边疆民族地区和革命老区人才支持计划科技人员专项计划"项目，赴柳林、乡宁等地进行科技服务，借此机会编写《图说核桃周年修剪与管理》一书，希望能够解决核桃生产中的一些问题，为提高核桃管理水平尽自己的一点绵薄之力。

参加本书编写的人员都是从事果树研究的专业人员，对果树修剪有较深的理论和较强的实践能力，绪论、第一章、第三章由张鹏飞编写，第二章、第四章由杨凯编写，第五章由刘亚令编写，第六章由宋宇琴、杨俊强、张国强、牛铁泉、郝燕燕、刘群龙、赵彦华编写，第七章、附录由赵彦华编写，段良骈先生绘制了所有插图，并且审阅全稿，提出了宝贵的修改意见，山西农业大学园艺专业2012级学生刘俊灵、胡亚楠、庞晓琴参与了书稿文字校对工作。在完稿之际，要特别感谢我的导师吴国良教授对本书的编写给予的大力指导，感谢河北德胜农林集团科技有限公司、河北绿岭果业有限公司的技术人员让我学习了许多核桃修剪管理的新理念。本书得到了山西省农业科技攻关项目（20130311022-6，20140311017-5）的资助，在编写过程中参考了许多的著作、文章、报告、技术培训资料等，在此一并对原文作者表示诚挚的谢意！

由于编者水平有限，不妥之处在所难免，书中的一些观点也仅是一家之言，恳请同行专家和广大读者批评指正！

张鹏飞

2015 年 9 月

目　录 ▶▶▶

绪　论

　　核桃（*Juglans regia* L.）为胡桃科（Juglandaceae）胡桃属（*Juglans* L.）植物，在我国有胡桃、羌桃、万岁子等别名，国外称波斯核桃、英国核桃或欧洲核桃。我国胡桃属植物约有 10 余种，有栽培价值的主要是普通核桃、铁核桃、核桃楸、河北核桃和黑核桃等种，近年来山核桃属的山核桃在部分地区也有少量发展。本书主要介绍普通核桃的栽培技术。

一、我国核桃生产现状

　　核桃是中国经济林树种中分布最广泛的树种之一，也是生态建设的先锋树种，东至辽宁丹东、西至新疆塔什库尔干，南至云南勐腊，北至新疆博乐，垂直分布海拔高差达 4000 多米，除黑龙江、上海、广东、海南等省外，其他 28 个省（自治区、直辖市）均有栽培，主产区为山西、河北、陕西、甘肃、辽宁、云南、四川、山东、新疆等省（自治区）。我国栽培核桃主要是普通核桃和铁核桃，铁核桃主要分布在云南、贵州全境和四川、湖南、广西的西部及西藏南部，其他地区栽培的均为普通核桃。山西的汾阳、孝义、左权，山东的泰安，河北的昌黎、涉县，陕西的商洛，青海的民和，甘肃的武威、陇南等都是我国核桃久负盛名的产区，山西的汾州核桃，河北的石门核桃都是著名的地方良种。

　　核桃是世界四大坚果（核桃、扁桃、榛子、腰果）之一，我国是核桃的起源地和分布中心之一。据世界粮农组织统计，2011 年全世界核桃结果面积 96.55 万公顷，坚果总产量 341.85 万吨；亚洲核桃的结果面积 60.93 万公顷，坚果总产量 243.86 万吨；中国核桃结果树面积 40.00 万公顷，坚果总产量 165.55 万吨。按结果面积计算，中国占世界的 41.4%，占亚洲的 65.6%。按产量来算，中国占世界的 48.4％，占亚洲的 67.9％。中国是名副其实的核桃大国。目前我国核桃产业总产值 370 多亿元，占全国经济林种植与采集业产值的 7.2％，年产值 1000 万元以上的核桃加工企业有 116 家，其中 5000 万元以上的 40 家。核桃产品年出口创汇 1.4 亿美元。年产万吨核桃以上的有云、新、川、陕、冀、晋、辽、鲁、甘、豫、浙、京、皖、贵、吉 15 个省、市、自治区，占全国核桃总产量的 97.6％。全国 860 多个县（市、区）有核桃分布，种植面积 1 万亩（1 亩＝1/15 公顷）以上重点县 300 多个，其中面积 10 万亩的有 131 个县。

胡桃属植物除核桃有很好的经济价值外，另外有铁核桃、河北核桃、核桃楸、野核桃、黑核桃、吉宝核桃、心形核桃等几个种，都具有开发利用价值。铁核桃，别名泡核桃、漾濞泡核桃、深刻纹泡核桃、茶泡核桃等，是我国西南地区的重要经济树种，主要分布于云南、四川、西藏、广西等省区。西南地区将壳厚 1.2 毫米以下，内隔和内褶膜质或退化，取仁易，可取整仁或半仁，出仁率 48％以上的一般称为泡核桃，具有很好的经济价值，云南省是泡核桃的主产区，泡核桃品种（系）有 60 多个，其中著名的有大泡核桃、三台泡核桃、细香泡核桃等品种，另外有泡核桃和新疆早实核桃的种间杂交品种，如云新 1 号、云新 2 号、云新 3 号等。近年来兴起的"文玩核桃"热，已经形成了一个很大的产业，文玩核桃不能食用，核壳坚厚，纹路美观，可供人把玩欣赏。

二、核桃的营养价值

1. 核桃仁的营养成分

核桃是营养价值很高的坚果，每 100 克核桃仁含有脂肪 63.0～70.0 克，蛋白质 14.6～19.0 克，碳水化合物 5.4～10.0 克，磷 280 毫克，钙 85 毫克，铁 2.6 毫克，钾 3.0 毫克，维生素 A 0.36 毫克，维生素 B_1（硫胺素）0.26 毫克，维生素 B_2（核黄素）0.15 毫克，烟酸 1.0 克。

核桃脂肪主要成分是不饱和脂肪酸，约占总量的 90％，酸值为 0.5～0.9，含有棕榈酸、硬脂酸、油酸、亚油酸、α-亚麻酸、肉豆蔻酸等多种不饱和脂肪酸，其中亚麻酸是人体必需的脂肪酸，也是组成各种细胞的基本成分。

核桃仁中的蛋白质是一种良好的植物蛋白，含有 17 种氨基酸，人体必需的 8 种氨基酸含量很高。核桃蛋白质含量一般为 15%，最高 29.7%，其蛋白消化率和净蛋白比值较高，为优质蛋白。

2. 核桃的医疗保健作用

核桃具有补气养血、润燥化痰、健胃补脑等多种保健功能，因此核桃被称为"长寿果"。核桃仁中的酚类物质有较强的抗氧化活性，可阻止人体自由基从细胞和其他组织夺取氧原子，防止自由基对正常细胞组织的破坏，能有效降低或抑制由氧化作用引起的心血管疾病、癌症和衰老性疾病等多种慢性病。

核桃仁有补脑健脑作用，核桃脂肪中的卵磷脂对大脑神经尤为有益，患有神经衰弱的人坚持食用核桃，疗效显著。核桃中的维生素 E 对人体具有延缓衰老的作用。核桃脂肪富含人脑必需的脂肪酸，是优质的天然"脑黄金"，对人体极为有益。核桃雄花营养丰富而全面，特别是蛋白质高达 21%，钾、铁、锰、锌、硒及维生素 A、维生素 B_2、抗坏血酸、维生素 E 等含量较高，是一种较好的天然营养保健食品资源，有的地方作为蔬菜食用，值得进一步研究开发和利用。

三、核桃的经济价值

核桃是我国主要经济树种之一，素有"木本油料"、"铁杆庄稼"之称。当前，随着农村产业结构调整和人民生活水平的不断提高，对核桃的需求不断增加，核桃价格逐年上升，各地发展核桃的积极性十分高涨，栽培面积不断增加。核桃树体高大，根系发达，寿命长，200 年的大树仍能结果。早实类型核桃开始结果早，进入盛果期也早，经济效益很好。

核桃全身是宝，核桃木材质地坚韧，纹理美观，具有不翘不裂耐冲击等特点，适宜制造高档家具，是一种重要的木材树种；叶片可制栲胶、染料，风干后可做饲料；核桃雄花序可以食用，加工成保健食品；青皮可提取维生素，还可用于中医验方。

核桃还是优良的生态先锋树种和生物质能源战略树种，树体高大，枝叶繁茂，根群发达，在城市和公园栽植有较强的防尘能力，有净化空气和保护环境的作用，在山丘、坡麓、梯田、堰边栽植有涵养水源、保持水土的作用。

四、传统核桃修剪特点

长期以来我国北方的核桃产区主要栽植的是晚实核桃，早实核桃的大面积发展是近年来的事情。而晚实核桃和早实核桃的生长特性不同，目前核桃修剪过程中受传统思想的影响较大，许多老技术员仍然用晚实核桃的方法修剪早实核桃，使早实核桃结果推迟，产量降低，无法体现出早实核桃早果丰产的优势，在生产中主要表现为以下几个方面。

1. 放任不剪

生产中的核桃树大多是粗放管理的，很少进行修剪，栽植核桃后就任其自然生长，虽然农民也希望早点结果，但没有采用促进早结果的生产管理措施。因为核桃的修剪与其他果树并不相同，农民缺乏相应的修剪技术，有的虽然有剪苹果的经验，但不敢去修剪核桃，怕剪出问题。通过培训让农民尽快掌握核桃修剪技术，哪怕是最简单的技术，也能使核桃的管理水平大幅度提升。

2. 秋季修剪

生产中的许多核桃树很少进行修剪，只在秋季果实采收时疏剪一些枝条，为方便采收上下树而决定枝条的去留，不考虑培养树体结构，有的修剪都不用剪刀和锯子，而是用斧头直接砍掉认为碍事的枝条，造成许多伤口和干桩，还有的修剪者在树上留短橛方便上下树，但这些短橛干死后成为病虫害入侵的伤口。同时秋季修剪时树体营养损失较多，影响下年树体的生长和结果。

3. 目标树形不明确

受"有形不死，无形不乱"思想的影响，核桃修剪时树形很乱，大多数没有按照目标树形进行整形修剪，整形技术不能多年连续贯彻执行，导致树形杂乱无章，树体结构紊乱，一个核桃园几乎找不到一棵按标准树形修剪的树，一棵树一个样子，进一步导致修剪困难，无从下剪，农民把核桃修剪当成了最为麻烦的事情。

4. 修剪过重

晚实核桃结果晚，幼树期常只生长一些又粗又长的单条枝，在修剪时多采用短截的手法，不拉枝，树体枝条直立，难以成形，结果晚，常在树冠长到很大时才开始结果，树体高大，不便于管理。早实核桃修剪时又按照晚实核桃的剪法来，疏枝、回缩较多，推迟了树体成形的时间。

五、现代核桃修剪指导思想

核桃修剪主要受苹果修剪的影响，许多修剪的手法和思想都是从苹果修剪中来的，要求培养一个结构合理的树形，多用缓势栽培的手法，少短截，多拉枝，开张枝条角度，注意调节树势平衡，促进早果丰产，我们需要用全新的思想指导核桃修剪。

1. 掌握核桃生物学特性

生物学特性是树体生长发育的外在表现，不同树种、不同品种的生长特性都不尽相同，要想剪好核桃，就一定要对核桃的生物学特性有一定的认识，熟悉其枝芽特性、生长发育规律，这是修剪核桃的根本。通过观察掌握不同品种的生长特点，特别是早实核桃和晚实核桃的差异，才能有针对性地采取修剪措施。

2. 掌握核桃的目标树形结构

修剪是为了达到早果丰产的目的，其中最重要的是培养丰产树形，而现在生产中的核桃树，几乎没有多少树能达到这个要求。主要的原因就是修剪者的目标不明确，不知道该把核桃树剪成什么样子，对丰产树形的结构了解得不甚清楚，有时甚至把多个树形的指标混在一起，在一株树上实施。核桃常用的丰产树形有纺锤形、开心形、疏散分层形、小冠疏层形等，要掌握不同丰产树形的树体结构特征，根据树体结构的指标进行培养，一个修剪者能掌握 1~2 种树形也就够用了，不要贪多，具体到一个核桃园要选用一种树形作为目标树形，95% 以上的植株都要按照这个树形来培养，这样园貌整齐，管理也方便。

3. 掌握核桃的基本修剪方法

核桃修剪最基本的方法包括短截、疏枝、回缩、拉枝、刻芽、抹芽、摘心、拧枝等，再高明的修剪技术都是由这些基本的修剪手法组成的，难就难在针对一个枝条该使用什么方法，这就要求我们掌握基本的修剪方法和修剪反应，能够推测实施一种修剪方法后可能会达到什么样的修剪反应，有时为了达到一个目的可以用不同的修剪方法，要通过多年的修剪实践，反复观察修剪反应来逐渐修正自己的修剪方法，提高修剪水平。

第一章
核桃生物学特性

核桃为落叶乔木，树高常达 10～25 米，干径可达 1 米左右，冠幅 6～16 米，树干老皮灰色，幼枝平滑，老枝有纵裂，一年生枝髓大。奇数羽状复叶。花单性，雌雄同株异花，雄花为葇荑花序，雌花序顶生，雌花单生、双生或群生。果实为假核果（园艺分类属干果）。种仁呈脑状，被浅黄色或黄褐色种皮。

第一节　枝芽特性

一、芽

1. 芽的分类与形态

核桃的芽以其形态、构造及发育特点，可分为叶芽、雌花芽、雄花芽和潜伏芽 4 类（图 1-1）。

（1）叶芽　核桃顶生叶芽一般呈三角形，萌发后只抽生枝和叶，又称营养芽，长在营养枝顶端。营养枝顶芽以下各节的芽为侧生叶芽，结果母枝混合芽以下的叶腋间有的也是叶芽。叶芽常单生或与雄花芽叠生，芽体瘦弱呈半圆形，有棱（图 1-2）。核桃幼树期的芽多为叶芽，晚实类型核桃叶芽较多。

（2）雌花芽　雌花芽芽体饱满肥大，近圆形，外面紧紧包裹鳞片，多着生在枝条的顶端，既能长出枝叶，又能开花结果，也称为混合花芽（图 1-3），早实类品种有很多腋生雌花芽。雌花芽萌发后先长出一段枝和叶，后在顶端长出雌花序，形成结果枝。

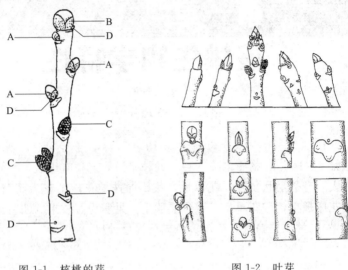

图 1-1 核桃的芽
A—叶芽；B—雌花芽；
C—雄花芽；D—潜伏芽

图 1-2 叶芽

（3）雄花芽 呈短圆锥形，为裸芽，萌发后形成菜荑花序，只开雄花，不长枝叶，多着生于 1 年生枝条的中下部，雄花芽与松果或桑葚很相像，萌发后膨大形成雄花序。不同枝上雄花芽数量不等，单生或双生，或与叶芽、雌花芽叠生。

（4）潜伏芽 又称休眠芽，芽体瘦小，一般情况下不萌发。潜伏芽主要由枝条上的瘪芽转化而来，随着枝条停止生长和枝龄的增加，外部芽体脱落，生长点留存皮下，形成潜伏芽，一般结果枝和营养枝上有潜伏芽 2~5 个，徒长枝上有 6 个以上。核桃潜伏芽寿命可达数十年甚至上百年之久，受到刺激（冻害、修剪等）后可以萌发，用于树体或枝组的更新。早实核桃的潜伏芽萌发力和成枝力强，早实核桃的潜伏芽萌发后当年就可形成花芽。潜伏芽寿命长，更新能力强，这是核桃寿命长的基础。

2. 芽的着生形式

核桃枝条的一个叶腋（节位）常有 1～2 个芽，单生叶芽、雌花芽、雄花芽或潜伏芽，一个叶腋有多个芽时形成复芽，呈上、下叠生状，组合方式有雌-雌，雌-叶，雌-雄，叶-叶，叶-雄，雄-雄等（图 1-4），少数有三个叶芽叠生的。

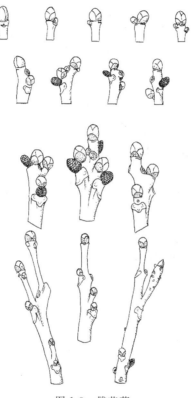

图 1-3　雌花芽

核桃枝条顶芽附近的节间短，常形成多个芽轮生的现象，一个大的顶芽旁边有几个瘦小的芽；枝条中部多为复芽，多数情况是上面的芽肥大，下面的芽瘦小（图 1-5）。瘦小的芽常不萌发，在一些壮枝上能看到 2 个叶芽同时萌发抽枝的现象，也有的春季萌发的

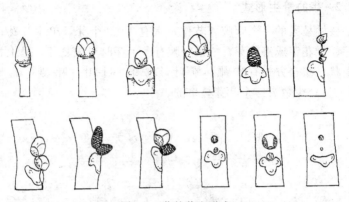

图1-4　芽的着生形式

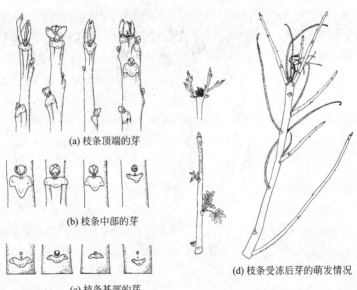

(a) 枝条顶端的芽

(b) 枝条中部的芽

(c) 枝条基部的芽

(d) 枝条受冻后芽的萌发情况

图1-5　不同部位芽的生长情况

枝条受晚霜危害后，先萌发的新梢被冻死，下面的芽萌发成枝 ［图
1-5(d)］；枝条基部的芽多数只能看到一个芽，另一个芽为隐芽，
仅能看到芽痕；一年生的壮枝、徒长枝上能清楚地看到一个叶腋间

有 2 个芽，瘦弱的雄花枝上除顶芽为叶芽外，腋芽全是雄花芽。

晚实核桃的雌花芽常着生在一年生枝顶部 1～3 节，而早实核桃雌花芽除顶生外，其下的侧芽也多为雌花芽，腋花芽一般为 2～4 个，多者可达 20 个以上，是早实核桃早果丰产的基础。雄花芽着生于枝条下部，当一个节位上只有雄花芽时，雄花芽开放脱落后不再抽生枝条，形成"空节"，在修剪时需要注意剪口芽不能是雄花芽。

潜伏芽常着生在枝条基部，春、秋梢交界处或一年生枝顶芽基部，芽体瘦小，不容易萌发，多年以后看不到芽的形态，但受到刺激后可以萌发。

一个核桃枝条上芽的质量不同，同一枝上的叶芽由上向下逐渐变小，中上部的芽较为饱满，下部的芽则比较瘦小。

3. 芽的早熟性

核桃的芽一般为晚熟性芽，形成的当年不萌发，而早实核桃有部分芽形成当年就可以萌发，形成果台副梢或称二次枝，甚至二次开花结果，这有利于核桃幼年期整形，晚实核桃的芽也有二次萌发的现象，但抽生枝条较短，仅形成一个大顶芽（图 1-6）。无论是早实核桃还是晚实核桃，夏季修剪时适度摘心能刺激冬芽萌发，加速整形。

二、枝条

1. 冬季枝条的分类

核桃落叶后根据枝条上着生芽的性质，可分为营养枝、结果母枝和雄花枝。

（1）营养枝　营养枝是顶芽为叶芽，来年春季只抽枝长叶而不开花结果的枝条，一般又称为生长枝，是扩大树冠、增加结果面积和形成结果母枝的基础。另外由树冠内膛潜伏芽萌发形成的枝条也多数为营养枝。营养枝依据其长短等又分为发育枝、徒长枝、中间枝和二次枝等（图 1-7）。

① 发育枝：发育枝由叶芽发育而成，一般发育枝比结果母枝

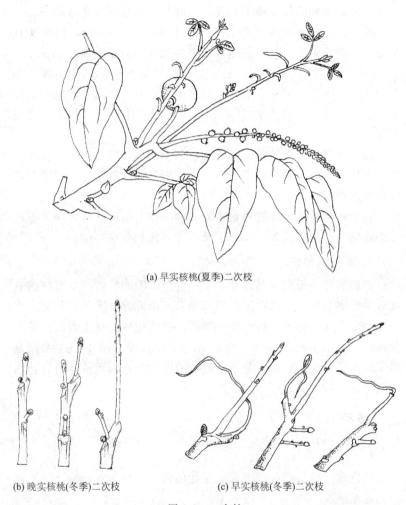

(a) 早实核桃(夏季)二次枝

(b) 晚实核桃(冬季)二次枝　　　　　(c) 早实核桃(冬季)二次枝

图 1-6　二次枝

长，健壮的发育枝第二年容易形成混合芽，然后开花结果。细弱的内膛发育枝不容易形成开花，甚至会出现枯死现象，即使形成花芽也很难坐果。

　　②徒长枝：多由树冠内膛的潜伏芽萌发而成，生长直立，粗壮而长，且节间长，髓部不充实。徒长枝过多会影响树体的生长和

结果，应加以控制，树体衰老时可以利用徒长枝进行更新修剪。

③ 中间枝：一般着生在树冠内部，每年展叶后不到1周即停止生长，枝条很短，很难形成花芽，只有等光照条件改善，枝势增强时才能转化为结果母枝而开花结果。

④ 二次枝：早实核桃开花后在顶部又抽生的枝条，有时甚至会抽生三次枝。晚实核桃生长旺盛时也可以抽生，但一般较少，生长也短。

⑤ 蛇头枝：在生长旺盛的枝条上，特别是徒长枝上有一类特殊的"枝"，一个短柄的顶端有一个大叶芽，形似蛇头，因此称为蛇头枝（图1-8），这类枝条更多的具有芽的特性。早实核桃二次枝中部常有多个蛇头枝，晚实核桃的二次枝也常常是顶端只有一个大叶芽的"蛇头枝"。

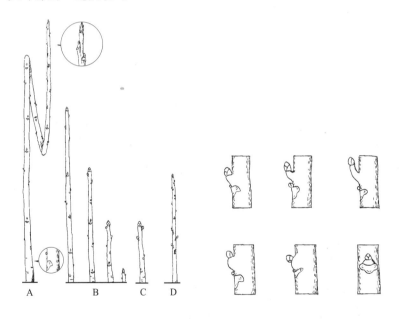

图1-7 核桃的营养枝
A—徒长枝；B—发育枝；C,D—中间枝

图1-8 蛇头枝

（2）结果母枝 着生雌花芽的枝条第二年能开花结果，称为结果母枝（图1-9），依其长度可分为长结果母枝（大于15厘米）、中结果母枝（5～15厘米）和短结果母枝（小于5厘米）。

（3）雄花枝　树冠内膛着生的顶芽为叶芽，其下只着生雄花芽的细弱枝称为雄花枝（图1-10）。顶芽萌发后不久即脱落，有的形成细弱枝，雄花散粉后脱落，整个短枝呈光秃状态，越冬后易枯死，所以也称光秃枝。部分健壮雄花枝的顶芽是雌花，能开花结果。雄花枝既耗养分又无生产能力，应及时疏除，出现较多的雄花枝是树势衰弱的表现。

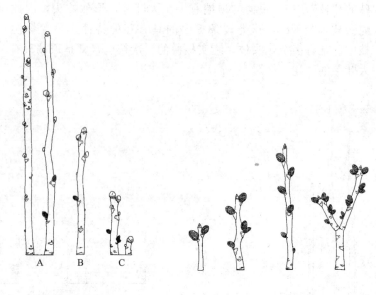

图1-9　核桃的结果母枝
A—长结果母枝；B—中结果
母枝；C—短结果母枝

图1-10　雄花枝

2. 夏季枝条的分类

（1）营养枝　春季发芽后叶芽抽生的枝条为营养枝，只长叶片不开花。到冬季时仍然只有叶芽的为营养枝，健壮的营养枝上可以形成雌花芽，成为结果母枝，内膛瘦弱的营养枝形成较多的雄花芽，成为雄花枝。

（2）结果枝　结果枝由结果母枝上的雌花芽抽生而来，长度多在5～10厘米之间，枝条顶部着生雌花序，开花坐果后称为结果枝，落花落果后则转变为营养枝。早实核桃健壮的结果枝上可再抽生短枝，亦称为二次枝、尾枝，当年可形成混合芽，形成结果母枝，第二年继续开花结果。早实核桃的二次花芽当年萌发，二次开花结果。

核桃属于强壮枝结果，结果枝粗度在1厘米以上时能坐果2～4个，粗度在0.8～1.0厘米可坐果1～3个，粗度在0.8厘米以下者很少坐果。以较粗壮的结果枝结的果实个头大、出仁率高、品质优。

3. 枝条生长特性

核桃枝条的萌芽率、成枝力因品种特性不同而异，一般早实核桃40%以上的侧芽都能萌发形成新梢，成枝力低，容易成花。晚实核桃萌芽率低，只有20%左右，成枝力强，不容易成花，极性明显，层性明显，随着树龄增大，成枝力降低，成花能力增强。

核桃一年生枝条中空，髓部面积大，皮孔容易散失水分，幼树一年生枝易发生春季抽条，严重时多年生枝条也易抽死，随着枝龄的增加髓部逐渐变小，抗抽条能力增强。另外核桃比较喜光，内膛枝受光较少，比较细弱，成花能力差，容易干枯死亡。

核桃背下枝吸水能力强，生长势强，生长旺盛，常形成"倒拉枝"现象，背上枝较细短，不容易形成强旺枝条，有利于整形修剪。核桃枝条柔软，枝叶量大，生长后期枝条角度易开张。幼树枝条年生长量很大，可达1米多，幼树栽植后第一年生长缓慢，第二年开始生长迅速。

三、叶片

核桃叶片为奇数羽状复叶，顶生小叶最大。复叶上的小叶数依不同核桃种群而异，普通核桃的小叶一般为5～9枚，一年生苗多为9枚，结果枝多为5～7枚，偶有3枚者。小叶由顶部向基部逐渐变小，在结果盛期树上尤为明显。

新梢上复叶的数量与树龄、枝条类型有关，结果初期以前营养枝有复叶 8～15 片，结果枝上有复叶 5～12 片，结果盛期后，结果枝上的复叶一般为 5～6 片，内膛细弱枝只有 2～3 片，徒长枝和背下枝可多达 18 片以上。

核桃叶片的数量与质量对枝条和果实的发育关系很大。着双果的枝条需要有 5～6 片以上的正常复叶，低于 4 片的难以形成花芽，且果实发育不良。早实核桃结果母枝靠近基部的侧生混合芽抽生枝叶的能力差，有只开花结果不长叶片的现象，果实发育所需的养分由其他地方的叶片运输而来。

核桃叶片大，冬季修剪时感觉枝条稀疏，但夏季时常感觉密挤，容易郁闭。同时叶片是光合作用的器官，有多种病虫害危害叶片，要加强病虫害防治以保护叶片完整，以制造足够的光合产物供应树体生长，开花结实。

四、花

核桃为雌雄同株异花，雌花芽为混合花芽，雄花为纯花芽，葇荑花序（图 1-11）。

1. 雌花

核桃雌花为总状花序，可单生或 2～5 朵簇生，少数品种有 10～15 朵呈穗状花序，形成穗状核桃。雌花无花瓣和萼片，柱头羽状 2 裂，黄色，子房 1 心室，下位［图 1-11(a)］。

2. 雄花

核桃雄花为葇荑花序，长 8～12 厘米，每花序着生 130 朵左右小花，每花序可产生 180 万粒花粉或更多，而有生活力的花粉约占 25%，当气温超过 25 ℃时会导致花粉败育［图 1-11(c)］。适当疏除 80%～90% 的雄花序，有明显增产效果。

3. 雌雄同花现象

早实核桃容易形成二次花，二次花常常出现雌雄同花现象，雌雄同花的雄花多不具花药，不能散粉，雌花多随雄花脱落，这种花坐果率低，没有生产意义［图 1-11(b)］。有的也可以结二次果，

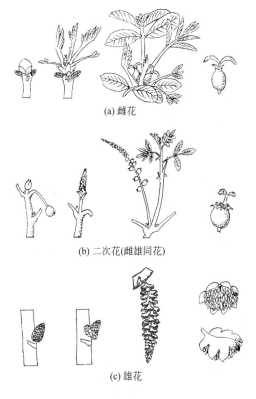

(a) 雌花

(b) 二次花(雌雄同花)

(c) 雄花

图 1-11　核桃的花

但个头较小，与正常的果实同时或稍晚成熟，生产上一般不保留二次果。

4. 成花早晚

核桃成花的早晚是区分早实核桃、晚实核桃的重要标志。早实核桃种子播种后 2～3 年，嫁接后 1～2 年即可开花结果，部分在播种当年就可形成花芽，早实核桃的雌花出现比雄花早，头几年只有雌花而无雄花，需外来雄花授粉才能结果。晚实核桃种子播种后 6～10 年或嫁接后 3～5 年才能开始开花结果。现在生产中多选用早实核桃品种，以获得较高的早期收益。

五、果实

核桃果实为假核果，由子房发育而成，圆形、椭圆形或卵圆形，果皮肉质，幼时有黄褐色绒毛，成熟时无毛，表面绿色，具稀密不等的黄白色斑点，习惯将果皮称为总苞或青皮。每个果实中有种子1枚，即核桃的坚果。坚果核壳坚硬，多为圆形，表面具刻沟或稍光滑，种仁呈脑状，被浅黄色或黄褐色种皮，其上有明显或不明显的脉络（图1-12）。核桃的种仁是其食用部分。

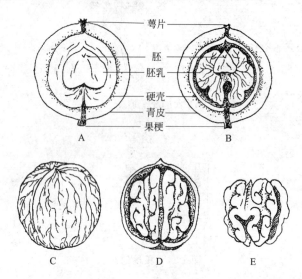

图 1-12　核桃的果实
A—厚壳类果实；B—薄壳类果实；C—坚果；D—带壳种仁；E—种仁

核桃坚果的大小，三径平均一般为 4～5 厘米，最大可达 6 厘米，最小的不到 3 厘米。核桃果实大小因品种、栽培条件、结果多少、果实着生部位不同而有变化（图1-13）。

六、根

核桃为深根性树种，具有强大的主根、侧根及广泛、密集的须根。在黄土台地上，成年树主根可深达 6 米，核桃大树根系集中分

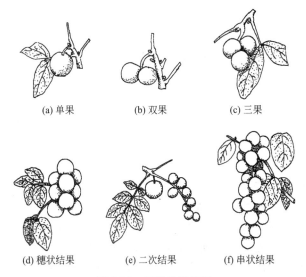

(a) 单果　　　　　　(b) 双果　　　　　　(c) 三果

(d) 穗状结果　　　　(e) 二次结果　　　　(f) 串状结果

图1-13　核桃坐果情况

布在深20～60厘米的土层中，约占总根量的80%以上。侧根水平伸展可超过14米，水平分布主要集中在树干周围，大体与树冠边缘相一致。幼树主根垂直生长很快，侧根较少，切断主根有利分生侧根，也有利地上部生长，核桃育苗时断根已经成为常规措施。土壤疏松时根系分布范围较广，土层薄、干旱或地下水位比较高的地方，根系分布范围减小。育苗时沙土地（河北省定州市）所出的核桃苗须根多，黄土地（山西省汾阳市）所出核桃苗的须根少。一般而言，早实核桃比晚实核桃根系发达，幼龄树尤为明显，发达的根系有利于营养物质的吸收，有利于树体积累和花芽形成，从而早结果，早丰产。

　　另外，核桃幼苗时根系生长比地上部生长快，起苗移栽使根系受到损伤，因此建园栽植时第一年主要是恢复根系的生长，而核桃地上部生长缓慢，这也是苗木定干时需要重剪的生理基础。

　　核桃根中还有菌根，菌根比正常吸收根短、粗，集中分布在深5～30厘米的土层中，菌根的存在有利于增强核桃根系的吸收能力，促进树体的生长发育。土壤含水量为40%～50%时菌根发育最好。

第二节　开花结果特性

一、开花特性

1. 雌花开放特性

核桃雌花在 4 月中、下旬至 5 月初开放，雌花在结果枝顶端，为总状花序，雌花初露时幼小的子房露出，二裂柱头抱合，此时无授粉受精能力。经 5～8 天子房逐渐膨大，羽状柱头开始向两侧张开，为始花期；当柱头呈"倒八字"形时，柱头正面呈绒毛状且分泌物增多，为雌花盛花期，是授粉最佳时期；3～5 天后，柱头表面开始干涸，授粉效果较差，之后柱头逐渐枯萎，向后反卷，失去授粉能力，称为末花期。雌花从初露至柱头枯萎为 23 天，盛花期为 13 天。

2. 雄花开放特性

核桃雄花芽在 4 月中旬至 5 月初开花，雄花春季萌动后，经过 12～15 天，花序伸长到一定长度，小花开始散粉，其顺序是由基部逐渐向顶端开放，当基部小花的萼片开裂并出现绿色花药时为初花期，花序停止生长，花药由绿变黄时为盛花期，盛花 1～2 天后雄花开始散粉，称为散粉期，散粉结束后花序变黑干枯，即为散粉末期，花粉寿命 2～3 天，雄花单花开放 2～3 天就散完花粉，单株雄花花期 6～9 天，盛花期 5～8 天，全核桃园雄花花期可达 22 天。散粉期遇低温、阴雨、大风等天气不利于授粉受精。

3. 雌雄异熟

核桃一般为雌雄同株异花，不同品种雌雄花开放的顺序不同，雌花先开的称为"雌先型"，雄花先开的称为"雄先型"，雌雄花同时开放的称为"雌雄同期型"，核桃幼树在开始结果的头几年内仅有雌花而无雄花，雄花出现的时期要晚。雌雄同期的品种坐果率和产量最高，雌先型次之，雄先型最低，生产中雌雄同期的品种极少，雌雄花期不遇是造成核桃低产的原因之一，在栽培时要考虑授粉问题，应该将"雌先型"和"雄先型"的品种相互搭配，使二者的雌、雄花期相遇，相互授粉，这样结果才多。

二、授粉与受精

核桃系风媒花，花粉传播距离与风速、地形、地势等有关。核桃花粉可以随风飘 300 米远，但最佳授粉距离不超过 100 米，雄花序中午时散粉最多。另外天气情况也会影响授粉效果，阴雨天授粉不好。

核桃雌花柱头外露时即可授粉，柱头呈"倒八字"形时接受花粉的能力最强，这一时期可以持续 3～5 天。花粉发芽后花粉管伸长，进入胚孔后 2～3 天完成受精。

有些核桃品种不需要授粉也能结出有生活力的种子，这种现象称为无融合生殖，也称为孤雌生殖，核桃孤雌生殖率最高达 30%，选择孤雌生殖比率高的核桃品种对预防晚霜危害有一定的作用。

三、落花落果

核桃雌花末花期子房未膨大时就脱落的称为落花，子房发育膨大后再脱落者称为落果。核桃一般落花较轻而落果较重，落果多集中在柱头干枯后的 30～40 天内，尤其是果实速长期落果最多，称为"生理落果"，第一次生理落果在 5 月下旬，落果率可达 53.6%，第二次在 7 月上旬，落果率约 4.1%。生理落果的原因主要有授粉受精不良，花粉、胚珠败育，受精过程受阻，花期低温，树体营养积累不足，以及病虫害等多种原因。核桃采前落果约为 6.5%。

第三节　核桃年生长周期

核桃的年生长周期包括根系、枝条、花、果等在一年中的发育过程，不同地方的物候期不完全相同。

一、营养器官生长物候期

核桃根系开始活动期与萌芽期相同，3月底开始出现新根，随地温升高，根系生长逐渐加强，6月中旬至7月上旬、9月中旬至10月中旬出现两次生长高峰，11月下旬停止生长。

春季日平均气温稳定在9℃左右时，核桃开始萌芽，日气温稳定在13～15℃时开始展叶，叶片生长迅速，20天左右可达叶片总面积的94%，5月底至6月初叶片停止生长，10月下旬至11月上旬落叶。新生的叶芽和雄花芽5月初显露于叶腋，此后随枝条生长和木质化而逐渐增大，叶芽在5月下旬以后即可用于嫁接。

核桃枝条的生长受树龄、营养状况、着生部位及立地条件的影响，一般幼树和壮枝一年中可以有两次生长，形成春梢和秋梢，第一次生长高峰在5月上旬，生长量占全年的90%，短枝和弱枝只有这一次生长高峰。旺枝继续生长至7月底8月初停止生长（第二次生长高峰），形成秋梢，秋梢木质化程度低，不利于枝条越冬，生长中应及时摘心控制。

二、花芽的分化与发育

核桃由营养生长向开花结果的转变是一个复杂的过程。核桃花芽分化需要消耗大量的营养物质，应及早供给和补充养分。

核桃雄花芽的分化，一般在4月下旬至5月上旬就已形成了雄花芽原基，5月下旬至6月上旬，小花苞和花被的原始体形成，可在叶腋间明显地看到表面呈松果状的雄花芽，雄花芽为裸芽，无鳞片包裹，冬季呈浅灰色，长度为6～7毫米，第二年4月份日平均气温稳定在8.5℃以上时开始萌动膨大，伸长成菜黄花序，迅速发育完成并开花散粉，散粉后花序干缩脱落，所在节位光秃无芽，不再生长枝叶。

雌花芽的分化包括生理分化期和形态分化期。华北地区的5月下旬至6月下旬是核桃花芽分化的临界期。形态分化期从6月中下旬到 7 月上旬开始，10 月中旬出现雌花原基，冬前出现总苞、花被原基，翌年春季完成花器的分化。从开始分化到开花约需 10 个月的时间。

三、果实发育物候期

核桃果实的发育期是从雌花柱头枯萎到总苞变黄开裂、坚果成熟的整个过程，一般核桃果实发育期需要 130～150 天，分为 4 个时期。

1. 果实速长期

从 5 月初至 6 月初，30～35 天，是果实生长最快的时期，其体积占全年总生长量的 90％以上，重量占 70％左右。

2. 硬核期

也称果壳硬化期，从 6 月初到 7 月上旬，30～40 天，此时果实生长缓慢，主要完成内果皮木质化以及胚的发育，坚果核壳自果顶向基部逐渐变硬，种仁由浆状物变成嫩白核仁，至此果实大小已基本定型。

3. 油脂转化期

也称为种仁充实期，从 7 月初到 8 月中下旬，50～55 天，核仁不断充实，重量迅速增加，含水量下降，坚果脂肪含量迅速增加，风味由甜淡变成香脆。

4. 果实成熟期

从 8 月下旬至 9 月上旬，15 天左右，果实达到该品种应有的大小，坚果重量略有增加，青皮变黄，有的出现裂口，坚果容易脱出，此时果实重量和油脂含量仍有增加，为提高品质，不宜过早采收。

核桃果实成熟的外观标志是青果皮绿色渐渐变淡，成为黄绿色或黄色，青果皮顶部出现裂缝。同一品种提前采收 15 天，坚果单粒重降低 4.4％，仁重降低 17.5％，出仁率降低 9.7％，严重影响坚果品质。

第四节　核桃生命周期

核桃树寿命长，几百年的大树仍能正常结实。依据核桃树体一生中生长发育呈现出的变化，可将其分为幼树期、初果期、盛果期和衰老期4个时期，早实核桃的生命进程比晚实核桃要早，同时各个时期的长短与修剪、管理有很大的关系，修剪适当、管理良好的核桃树幼树期短，开始结果早，能尽快度过初果期，提早进入盛果期，且盛果期维持时间较长，到衰老期后通过更新修剪还能维持一定的产量。修剪不当时核桃迟迟不结果，幼树期延长，进入盛果期晚，且结果量少，不能丰产，常常形成大小年结果现象，过早就进入衰老期。

一、幼树期的生长发育特点

从苗木定植到第一次开花结果之前，称为幼树期，也称为生长期。幼树期的生长发育特点是，树姿直立，树体离心生长旺盛，枝条在一年中有2～3次生长高峰，长枝、徒长枝停止生长晚，冬春季节容易抽条。核桃嫁接苗幼树期的长短因品种类型不同而差别很大，早实类型品种的幼树期只有1～2年，有的栽植当年就能开花，而晚实类型品种的幼树期为3～5年。生产中在核桃树栽植的前3年要疏掉所有的果实，尽快培养树形，扩大树冠。

二、初果期的生长发育特点

初果期也称生长结果期，是从开始结果到大量结果以前。这一时期树体生长旺盛，枝量增加迅速，随着结果量的增多，枝条分枝角度逐渐增大，树姿开张，离心生长逐渐减缓，树体基本成形。初果期各级骨干枝尚未全部配齐，生长仍很旺盛，树冠还在扩大，因此应以培养树形为主，结果为辅。早实核桃的初果期为4～7年，晚实核桃长达7～15年。

三、盛果期的生长发育特点

盛果期的果实产量逐渐上升达到高峰，并持续稳定，盛果期是核桃树一生中产生最大经济效益的时期。盛果期树冠扩大速度缓慢并逐渐停止，树冠和根系伸展都达到最大限度，树姿开张，随着产量的增加，外围枝绝大多数成为结果枝，结果部位外移，生长和结果之间的矛盾表现突出，内膛枝开始干枯，出现局部更新和交替结果。此时树形已经培养完成，修剪的主要任务是调整结果枝组的生长和结果，局部更新，防止结果部位外移，保证连年丰产稳产，防止大小年现象的发生。因此要认真修剪，防止外围枝增多，通风透光不良，营养分配失调，外围枝条下垂，内膛小枝枯死，主枝基部光秃。

一般早实核桃 8～12 年，晚实核桃 15～20 年后进入盛果期。土壤管理条件好，盛果期可维持 50～100 年。

四、衰老期的生长发育特点

衰老期果实产量明显下降，骨干枝开始枯梢，后部发生更新枝，表明进入了衰老期，早实核桃进入衰老期较早。这段时期树势明显下降，初期表现为主枝和侧枝梢端开始枯死，树冠体积缩小，内膛发生较多的徒长枝，出现向心生长，产量递减，但可以通过老树更新复壮措施进行改造，提高产量。后期则骨干枝末端枯死严重，树冠内发生大量更新枝，树势明显衰弱，产量也急剧下降，失去栽培意义。

第五节　核桃对环境条件的要求

核桃主要分布在暖温带和北亚热带，分布区域为北纬 21°～44°，东经 75°～124°。核桃对环境条件的要求比较严格，超出适生范围，虽能生存，但生长结实不良，不能形成产量，失去栽培意义。

一、温度

核桃为喜温树种，普通核桃产区适宜生长的气候条件为年平均气温 9~16℃，无霜期 150~220 天，极端最低温 -2~-25℃，极端最高温 35~38℃。夏季高温超过 38~40℃时，常造成枝叶焦枯，果实易受日灼伤害，影响核仁发育，常形成半仁甚至空壳。

不同生育期核桃的耐低温能力不同。休眠期幼树在 -20℃条件下出现冻害，成年树在 -26℃时，枝条、雄花芽及叶芽均易受冻害。在新疆的伊宁和乌鲁木齐，极端最低温达到 -34~-37℃时，核桃多呈小乔木或丛状生长。展叶后温度降至 -2~-4℃时，新梢受冻。花期和幼果期，气温降至 -1~-2℃时则受冻减产。萌芽开花期的晚霜危害常常造成核桃减产，对生产影响十分巨大。

二、光照

核桃属于喜光树种，全年日照时数要求达到 2000 小时以上，低于 1000 小时，则核壳、核仁均发育不良。光照不良会影响花芽分化，特别是树冠郁闭时导致树冠内部光照差，花芽分化不良，内膛枝条枯死。光照对核桃的开花坐果有重要的影响，雌花开放期如遇阴雨、低温容易造成大量落花落果。栽培中从园地选择、栽植密度、栽培方式及整形修剪等，均必须考虑采光问题，改善树冠的通风、透光条件。

三、土壤及地形

土壤是一切植物生长发育的基础，选择栽植核桃的土壤时主要考虑土层厚度、质地、pH 值、盐碱、地下水、坡度、坡向、地形等。

（1）土层厚度　核桃为深根性树种，一般要求土层深厚，核桃适宜的土层厚度应在 1 米以上，以保证其良好的生长发育。栽植核桃的土地土层薄，条件较差时根系扩展范围小，导致树体营养不足，枝条细弱，难以形成花芽，即使开花坐果率也低，产量很低。

（2）质地　核桃对土壤的适应性较强，最适于土质疏松和排水良好的沙壤土和壤土生长，在黏重板结的土壤或过于瘠薄的沙地上核桃的生长发育较差。核桃为喜钙植物，在石灰性土壤上生长结果良好。

（3）pH 值　核桃适宜的土壤 pH 值为 6.2～8.2，最适 pH 值范围为 6.5～7.5，即在中性或微酸性土壤上生长最好。

（4）盐碱　核桃树耐盐碱能力差，能耐含盐量 0.25% 的轻度盐碱，当土壤总盐量达 0.25%～0.3% 时则出现生长不良，当超过 0.3% 时出现盐害，氯酸盐比硫酸盐危害更大。

（5）地下水　种植核桃树的地块，地下水位应在 2 米以下，地下水位过高，造成根系呼吸受阻、窒息、腐烂、死亡。

（6）坡度　种植核桃的地块坡度在 10° 以下为宜，以平地或丘陵地为好。坡度大时应修筑梯田。

（7）坡向　核桃适于生长在背风向阳处。山坡基部土壤深厚，水分状况良好，比山坡中部和上部生长结果好。在阳坡的生长情况比半阳坡和阴坡树生长好。

（8）地形　栽植核桃尽量避开洼地，洼地容易积聚冷空气，易受晚霜危害。但是另一方面洼地的核桃树萌芽晚，在一定程度上能躲开晚霜的危害，2013 年山西省多地核桃受到晚霜危害而几近绝收，而在柳林的一个洼地核桃园由于萌芽较晚，开花结果几乎不受影响。

四、水分

核桃耐干燥的空气，但对土壤水分状况比较敏感。土壤干旱会影响根系的吸收能力，树体的光合作用和新陈代谢过程。另一方面，核桃不耐水淹，土壤水分过多或长期积水造成土壤通气不良，根系会因氧气不足而导致腐烂，吸收根减少，从而影响地上部的生长发育。秋季降雨多时会引起青皮早裂、坚果变褐。

核桃抗旱能力较强，但充足的水分供应是树体生长的必要条件。山地核桃园应加强水土保持工程建设，增加土壤水分含量。核桃属喜土壤湿润的树种，栽植地点要求有水源并设置排灌系统，达到干旱时能够及时灌水；遇涝时能够及时排水。灌溉水总盐量大于 0.1% 或含有有毒物质如汞、氟等地域，不宜建园。

新疆早实核桃由于长期适应当地的干燥气候，对水分的需求量不太高，若引种到年降水量 600 毫米以上的地区，容易染病。近年来核桃腐烂病大量发生，均与此有很大关系。

五、风

核桃是风媒花，借风力传播花粉，3～4 级的和风，有利于散粉，提高授粉效果。但春、夏季大风沙尘天气，对核桃生长发育极为不利。

六、海拔

北方地区核桃主要栽培在海拔 1000 米以下，秦岭以南在海拔 500～1500 米之间，陕西洛南地区海拔 700～1000 米时生长良好，辽宁西南部在海拔 500 米以下。

第二章

核桃优良品种

核桃品种资源丰富，据《中国果树志·核桃卷》记载的普通核桃、铁核桃无性系品种、优良品系共 216 个（其中早实类型 104 个，晚实类型 112 个），实生农家品种 164 个（早实类型 12 个，晚实类型 152 个），优良单株 486 个（早实类型 115 个，晚实类型 371 个）。同时由于核桃品种从植株、果实上比较难识别，给品种区域化栽培带来一定的困难。核桃品种分类的方法也很多，常见的分类如下所述。

按植物学分类，可分为普通核桃种群、铁核桃种群。普通核桃核壳较薄，出仁率高，适宜凉爽气候，是北方核桃产区的主要类型，铁核桃核壳较厚，出仁率低，适宜南方温热气候，是云贵核桃产区的主要类型，铁核桃里的泡核桃出仁率高，有重要的生产价值。

按用途分为食用核桃和文玩核桃。食用核桃以食用为主要目的，包括普通核桃、泡核桃、野核桃、黑核桃等，文玩核桃以把玩、观赏为主要目的，核壳很厚，纹理美观，包括麻核桃（河北核桃）、核桃楸和铁核桃等。

按结实早晚分为早实核桃和晚实核桃，早实核桃种子播种后 2～3 年，嫁接后 1～2 年即可开花结果。晚实核桃种子播种后 6～10 年或嫁接后 3～5 年开始开花结果。

按种壳厚度分为露仁核桃、纸壳核桃、薄壳核桃、厚壳核桃等。露仁核桃壳厚 1.0 毫米以下，核壳发育不全并有不规则的孔洞，部分果仁外露；纸壳核桃壳厚1.0毫米以下，壳面光滑，内褶壁膜质或退化，横隔窄、膜质或退化，易取整仁；薄壳核桃壳厚1.1～1.5毫米，内褶壁革质或膜质，横隔窄、革质，可取半仁或整仁；厚壳核桃壳厚1.6毫米以上，内褶壁骨质或革质，横隔宽、骨质，可取碎仁。现在生产中重点推广的品种主要为纸壳和薄壳核桃，露仁核桃虽然出仁率高，但商品性较差，厚壳核桃出仁率低，取仁困难，不受消费者喜欢。

按雌雄花开花早晚分雌先型、雄先型和雌雄同熟型。生产中的品种大多数是雄先型，少部分为雌先型，雌雄同熟的品种极少。

按果实成熟期早晚分早熟品种（8月底）、中熟品种（9月上旬）和晚熟品种（9月中旬）。

众多的品种和优良单株为核桃栽培提供了丰富的物质基础，各地需根据气候、土壤等条件选择适合当地栽培的品种，本书仅介绍生产中常用的一些优良品种。

第一节　早实核桃

早实核桃树体较小，生长势旺，常有二次生长和二次开花结果现象，萌芽率高，发枝力强，成花容易，侧生混合花芽和结果枝率高，播种后2～3年就能开花结果，在嫁接育苗时当年可以开花结果，早果现象明显，产量高。果实商品性状好，个大，壳薄、出仁率高，品质优良。早实核桃对水肥管理要求高，肥水不足时树体容易早衰。

一、纸壳核桃类

1. 辽宁1号

雄先型，晚熟品种。坚果圆形，平均单果重9.4克，三径（纵径、横径、侧径，下同）平均3.3厘米。果基平或圆，果顶略成肩形，壳面光滑，缝合线微隆起或平，不易开裂，壳厚0.9毫米，出仁率59.6%。核仁充实饱满，黄白色。树势强，树姿直立或半开张，侧生混合花芽率为90%，每雌花序着生2～3朵雌花，坐果率约60%。该品种适应性强，丰产性好，比较耐寒、耐干旱、抗病性强，适宜在土壤条件较好的地方进行密植栽培，已在北方核桃栽培区的辽宁、河南、河北、陕西、山西、北京、山东和湖北等地大面积栽培。

2. 香玲

雄先型，中熟品种。坚果卵圆形，平均单果重12.2克，三径平均3.3厘米。果基平，果顶微尖，壳面光滑美观，缝合线平，不易开裂，壳厚0.9毫米。内褶壁退化，横隔膜膜质，易取整仁，出仁率65.4%。核仁乳黄色，味香而不涩，品质上等。植株生长势中庸，树姿直立，果枝率为85.7%，侧生混合花芽率为81.7%，每果枝平均坐果1.4个。该品种丰产性强，盛果期产量较高，大小年不明显，肥水不足时果实变小，结果过多会引起树势衰弱。较抗寒、抗旱，抗病性较差，对肥水要求严格，干旱、管理粗放等会导致结果寿命缩短。适宜在山丘土层较厚地区栽培，或平原林粮间作栽培，主要在山东、河南、山西、陕西和河北等地栽培。

3. 鲁光

雄先型，中熟品种。坚果长圆形，平均单果重16.7克，三径平均3.76厘米。果基圆，果顶微尖，壳面光滑，缝合线平，不易开裂，壳厚0.9毫米。内褶壁退化，横隔膜膜质，易取整仁，出仁率59.1%。仁乳黄色，风味香，不涩，品质上等。树势中庸，树姿开张，侧生混合花芽率为80.8%，每果枝平均坐果1.3个。该品种适应性一般，丰产性好，适宜在土层深厚的山地、丘陵地栽植，亦适宜林粮间作。主要在山东、河南、山西、陕西和河北等地栽培。

4. 绿岭

雄先型，中熟品种。坚果卵圆形，平均单果重12.8克，三径平均3.42厘米。缝合线平滑而不突出，果面光滑美观，壳厚0.8

毫米，均匀不露仁。内种皮淡黄色，无涩味，种仁颜色浅黄，饱满浓香，出仁率67%以上。树势强壮，树姿开张，侧生混合花芽率83.2%。抗逆性、抗病性、抗寒性均强，较耐旱。对细菌性黑斑病和炭疽病具有较强的抗性。适宜在河北省太行山、燕山南麓以及邢台平原核桃栽培区推广。

5. 晋丰

雄先型，早熟品种。坚果卵圆形，平均单果重11.34克，三径平均3.47厘米。壳面较光滑美观，缝合线紧，壳厚0.81毫米。可取整仁，出仁率67.0%，仁色浅，风味香，品质上等。植株生长势中庸，树姿开张。该品种丰产稳产，坐果率较高，干性较弱，应注意疏花疏果。抗寒、抗旱、较抗病。雌花开放较晚，有利避开晚霜危害。

6. 绿波

雌先型，早熟品种。坚果卵圆形，平均单果重11.0克，三径平均3.59厘米。果基圆，果顶尖，壳面较光滑，有小麻点，缝合线较窄而凸，结合紧密，壳厚1.0毫米。内褶壁退化，横隔膜膜质，可取整仁，出仁率59%左右。核仁较充实饱满，色浅黄，味香而不涩。树势强，树姿开张，侧生混合花芽率80%以上，坐果率69%，多为双果。该品种较耐干旱，在中原地区不受霜冻危害，枝干溃疡病和果实炭疽病、黑斑病的感病率极低。在山区栽培有举肢蛾、丘岗区栽培有云斑天牛危害。适于华北黄土丘陵区栽培。

7. 中林5号

雌先型，早熟品种。坚果圆形，平均单果重13.3克，三径平均3.22厘米。果基平，果顶平，壳面光滑，缝合线较窄而平，结合紧密，壳厚1.0毫米。内褶壁膜质、横隔膜膜质，易取整仁，出仁率为58%。核仁充实饱满，仁乳黄色，风味佳。树势中庸，树姿较开张，侧生混合芽率为90%，每果枝平均坐果1.64个。该品种适应性强，特丰产，适宜密植栽培，在河南、山西、陕西、四川和湖南等地栽培。

8. 薄丰

雄先型，中熟品种。坚果卵圆形，平均单果重 13 克，三径平均 3.7 厘米。壳面光滑，色浅，缝合线平而窄，结合较紧，壳厚 1.0 毫米。内褶壁退化，横隔膜膜质，可取整仁，出仁率 58%。仁充实饱满，颜色浅黄，味香浓。树势强旺，树姿开张，侧芽形成混合花芽的比率为 90% 以上。该品种适应性强，耐旱，适宜在华北、西北丘陵山区栽培。

9. 晋香

雄先型，中熟品种。坚果圆形，平均单果重 11.5 克，三径平均 3.57 厘米。壳面光滑美观，缝合线平，结合较紧密，壳厚 0.82 毫米。内褶壁退化，横隔膜膜质，易取整仁，出仁率 63.79%。仁饱满，乳黄色，风味香，品质上等。生长势较强，树姿较开张。该品种抗旱性强，抗病性较强，适宜矮化密植栽培。要求肥水条件较高，适宜在我国北方平原或丘陵区土壤肥水条件较好地块栽培。

10. 北京 861

雌先型，早熟品种。坚果长圆形，平均单果重 9.9 克，三径平均 3.47 厘米。果基圆，果顶平，壳面较光滑，麻点小，色较浅，缝合线窄而平，结合较紧密，壳厚 0.9 毫米。内褶壁退化，横隔膜膜质，易取整仁，出仁率 67% 左右。核仁充实饱满，味香，涩味淡。树势中庸偏旺，树姿较开张，侧枝果枝率达 85.5%，坐果率 60% 左右，双果率 74% 左右。该品种在北京栽培不受霜冻危害，一般年份抗病性较强，但在阴雨过多、光照不良的情况下，叶和果易受黑斑病危害。在太行山区易受核桃举肢蛾的危害。适宜在华北干旱山区栽培。

二、薄壳核桃类

1. 温 185

雌先型，早熟品种。坚果圆形或长圆形，平均单果重 11.2 克，三径平均 3.4 厘米。果基圆，果顶渐尖，壳面光滑美观，缝合线平或微凸起，结合紧密，壳厚 0.8 毫米。内褶壁退化，横隔膜膜质，易取整仁，出仁率 65.9%。仁色浅，风味香，品质上等。树势较强，树姿较开张，侧生混合花芽率为 100%，每果枝平均坐果 1.71 个，连续结果能力强，特丰产。该品种适应性强，较抗寒、抗旱、抗病。树冠紧凑，适宜矮化密植栽培，要求肥水条件好，喜欢在疏松土壤中生长，要注意疏花疏果，若栽培条件差，果实会变小，品质降低。原来主要在新疆阿克苏和喀什等地栽培，现已在河南、陕西、山东和辽宁等地栽培。

2. 寒丰

雄先型，晚熟品种。坚果长阔圆形，平均单果重 14.4 克，三径平均 3.77 厘米。果基圆，顶部略尖，壳面光滑，色浅，缝合线窄而平或微隆起，壳厚 1.2 毫米。内褶壁膜质或退化，横隔窄，可取整仁或 1/2 仁，出仁率 52.8%。仁充实饱满，黄白色，味略涩。生长势强，树姿直立，结果枝率 92.3%，具有较强的无融合生殖能力，在不授粉的条件下可坐果 60% 以上。该品种抗病性强，雌花开放晚，抗春寒，非常适宜在北方易遭晚霜危害的地区栽培。

3. 薄壳香

雄先型，晚熟品种。坚果长圆形，平均单果重 13.02 克，三径平均 3.58 厘米。壳面光滑美观，缝合线紧，壳厚 1.19 毫米。可取整仁，出仁率 51%。仁色浅，风味香，品质上等。植株生长势强，树姿较直立。该品种丰产性较强，抗寒、抗旱、抗病性较强，栽培条件好时结果寿命长，适宜在干旱黄土丘陵区栽培。

4. 中林 1 号

雌先型，中熟品种。坚果圆形，平均单果重 14 克，三径平均 3.38 厘米。壳面粗糙，缝合线两侧有较深麻点，缝合线中宽凸起，顶有小尖，结合紧密，壳厚 1.0 毫米。缝合线微凸，结合紧密，可取整仁，出仁率 54%。核仁充实饱满，乳黄色，风味香，品质上等。植株生长势强，树姿较直立。侧生混合花芽率为 90%，每果枝平均坐果 1.39 个，连续结果能力强，丰产，结果过多易变小，注意增强肥水管理。该品种适应能力较强，较抗寒、耐旱，抗病性较差。是理想的材、果兼用品种，现在河南、山西、陕西、四川和湖北等地栽培。

5. 中林 3 号

雌先型，中熟品种。坚果椭圆形，平均单果重 11.0 克，三径平均 3.66 厘米。壳面较光滑，在靠近缝合线处有麻点，缝合线窄而突起，结合紧密，壳厚 1.2 毫米。内褶壁退化，横隔膜膜质，易取整仁，出仁率 60%。核仁充实饱满，乳黄色，品质上等。树势较旺，树姿半开张，侧生混合花芽率在 50% 以上。该品种适应性强，丰产性极强，由于树势较旺，生长快，也可作农田防护林的材果兼用树种，现在河南、山西和陕西等地栽培。

6. 扎 343

雄先型，中熟品种。坚果椭圆或卵圆形，平均单果重 16.4 克，三径平均 3.7 厘米。壳面光滑，缝合线窄而平，结合较紧密，壳厚 1.16 毫米。内褶壁和横隔膜膜质，易取整仁，出仁率为 54.0%。仁乳黄至浅琥珀色，味香，在肥水条件较差时核仁常不饱满。树势旺盛，树姿开张。该品种适应性强，原来主要在新疆阿克苏市、喀什市与和田市等地栽培，现已在河南、陕西和辽宁等地栽培。

7. 西扶 1 号

雄先型，晚熟品种。坚果长圆形，平均单果重 12.5 克，三径平均 3.57 厘米。顶部和基部圆形，壳面光滑，色浅，缝合线窄平，结合紧密，壳厚 1.2 毫米。内褶壁退化，横隔膜膜质，易取整仁，出仁率 53%。核仁充实，饱满，色浅，味甜香。树姿较开张，侧生混合花芽率 90%。该品种抗逆性强，抗旱、抗寒性强，抗病力较强。适于在华北、西北及秦巴山区等地栽培。

8. 西林 1 号

雄先型，晚熟品种。坚果长圆形，平均单果重 10 克，三径平均 3.13 厘米。果基圆形，果顶较平，壳面光滑，略被小麻点，缝合线窄而平，结合紧密，壳厚 1.16 毫米。内褶壁退化，横隔膜膜质，易取整仁，出仁率 56%。核仁充实，饱满，黄色，味脆香。树势强，树姿开张，侧生混合花芽率 68%，坐果率 60%。该品种耐瘠薄土壤，抗旱、抗寒、抗病性均较强。适宜于华北、西北及中原地区栽培。

9. 西林 2 号

雌先型，9 月中旬成熟。坚果圆形，平均单果重 16.9 克，三径平均 3.94 厘米。壳面光滑，略有小麻点，缝合线窄、平，结合紧密，壳厚 1.21 毫米。内褶壁退化，横隔膜膜质，易取整仁，出仁率 61%。核仁充实，饱满，淡黄，味脆而甜香。树势强健，树姿开张，节间短，果枝占枝条总数的 63%，连续结果枝率为 32.5%，多单果。该品种生长势强，有较强的适应性。适宜于华北、西北丘陵及平原地区栽培。

10. 元丰

雄先型，中熟品种。坚果卵圆形，平均单果重 12 克，三径平均 3.2 厘米。果基平圆，果顶微尖，壳面刻沟浅，光滑美观，壳色较浅，缝合线窄而平，结合紧密，壳厚 1.15 毫米。内褶壁退化，横隔膜膜质，易取整仁，出仁率 49.7%。核仁充实饱满，色较深，风味微涩。树势中庸，树姿开张，侧生混合花芽率为 75%，坐果率 70%左右。该品种适应性较强，树干溃疡病及果实、枝、叶炭疽病、黑斑病发病率较低。适于在山丘土层较深厚处栽培。

第二节　晚实核桃

晚实核桃树体高大，开花结果晚，无二次开花现象，发枝力弱，侧生结果枝率低。树体抗性强，适合在土壤瘠薄、水肥条件差的山区栽植，一般寿命长，生产中许多结果大树都属于晚实类型核桃。

一、纸壳核桃类

1. 礼品 1 号

雄先型，中熟品种。坚果长圆形，平均单果重 9.7 克，三径平均 3.6 厘米。壳面光滑，色浅，缝合线平而紧密，壳厚 0.6 毫米。内褶壁退化，极易取整仁，出仁率 70%。种仁饱满，种皮黄白色，品质极佳。树势中庸，树姿半开张，果枝率 50% 左右，每个果枝平均坐果 1.2 个，坐果率在 50% 以上。该品种适应性强，耐寒，适宜北方核桃栽培区发展。

2. 礼品 2 号

雌先型，中熟品种。坚果长圆形，平均单果重 13.5 克，三径平均 4.0 厘米。壳面较光滑，缝合线窄而平，结合较严密，但轻捏即开，壳厚 0.7 毫米。内褶壁退化，极易取整仁，出仁率 67.4%。仁饱满，品质好。树势中庸，树姿半开张，果枝率 60% 左右，每个果枝平均坐果 1.3 个，坐果率在 70% 以上。该品种丰产，抗病性强，适宜在我国北方核桃栽培区发展。

3. 晋薄 1 号

雄先型，中熟品种。坚果长圆形，平均单果重 11.0 克，三径平均 3.88 厘米。壳面光滑美观，缝合线窄而平，结合紧密，壳厚 0.86 毫米。内褶壁退化，横隔膜膜质，可取整仁，出仁率 63% 左右。仁乳黄色，饱满，风味香甜，品质上等。树冠高大，树势强健，树姿开张，每个雌花序多着生 2 朵雌花，双果较多。该品种较丰产，抗性强，适宜在华北、西北丘陵山区发展。

4. 晋薄 2 号

雄先型，中熟品种。坚果圆形，平均单果重 12.1 克，三径平均 3.67 厘米。壳面光滑，少数露仁，壳厚 0.63 毫米。内褶壁退化，可取整仁，出仁率 71.1%。仁乳黄色，饱满，风味香甜，品质上等。树势中庸，每个雌花序多着生 2～3 朵花，双果、三果较多。该品种抗寒、耐旱，抗病性强，适宜在华北、西北丘陵山区发展。

5. 晋薄 3 号

雄先型，晚熟品种。坚果圆形，平均单果重 11.8 克，三径平均 3.45 厘米。壳面较光滑，缝合线结合较紧密，壳厚 0.81 毫米。可取整仁，出仁率 64%，仁色黄白，饱满，风味香甜，品质中上等。树势强健，树姿较开张。该品种抗性强，适宜在华北、西北丘陵山区发展。

二、薄壳核桃类

1. 晋龙 1 号

雄先型，中熟品种。坚果近圆形，平均单果重 14.85 克，三径平均 3.82 厘米。果形端正，果基微圆，果顶平，壳面光滑，颜色较浅，缝合线窄而平，结合紧密，壳厚 1.09 毫米。内褶壁退化，横隔膜膜质，易取整仁，出仁率 61.34%。仁饱满，色浅，风味香，品质上等。植株生长势强，树姿开张，果枝率 45%，属中、短果枝型，每个果枝平均坐果 1.5 个，坐果率 65% 左右，多双果。该品种抗寒、耐旱、抗晚霜，抗病性强，栽培条件好时连续结果能力强，晋龙 1 号是我国第一个晚实优良新品种，其嫁接苗 2～3 年后开始结果，比实生苗提早 4～6 年，幼树早期丰产性强，适宜我国华北、西北丘陵山区发展，主要栽培于山西、河北、北京、山东等省（直辖市）。

2. 晋龙 2 号

雄先型，中熟品种。坚果近圆形，平均单果重 15.92 克，三径平均 3.77 厘米。缝合线窄而平，结合紧密，壳面光滑美观，壳厚 1.22 毫米。内褶壁退化，横隔膜膜质，可取整仁，出仁率 56.7%。仁饱满，淡黄白，风味香甜，品质上等。树势强，树姿开张，每个果枝平均坐果 1.53 个。该品种丰产，稳产，抗逆性强，适宜在华北、西北丘陵山区发展。

3. 清香

雄先型，晚熟品种。坚果椭圆形，平均单果重 14.3 克。果形大而美观，缝合线紧密，出仁率 52%～53%。仁色浅黄，风味香甜，无涩味，品质好。树体中等大小，树姿半开张。嫁接苗 3 年开始结果，该品种丰产性强，抗性强，抗冻，开花晚，避霜冻，对炭疽病、黑斑病抵抗能力强，对土壤要求不严，适宜在华北、西北、东北南部及西南部分地区发展。

4. 西洛 1 号

雄先型，晚熟品种。坚果近圆形，平均单果重 13 克，三径平均 3.6 厘米。壳面较光滑，缝合线紧密，壳厚 1.13 毫米。取仁容易，出仁率 57%。种仁饱满色浅，风味香脆，品质上。树势旺盛，树姿直立，结果枝率 35%，坐果率 60%，其中 80% 以上为双果。该品种抗寒、抗病，耐瘠薄、耐旱力强。

5. 芹泉 1 号

雄先型，晚熟品种。坚果圆形，平均单果重 10.3 克，三径平均 3.24 厘米。果顶平圆，果底平滑，表面光滑，缝合线窄而平，结合紧密，壳厚 1.18 毫米。易取仁，可取整仁，出仁率 55.2%。种仁充实、饱满，黄白色，风味香甜。树势较强，盛果期树姿开张，结果母枝平均抽生果枝 1.8 个，果枝率 70%，果枝平均坐果 1.7 个，坐果率 90% 以上，连续结果能力强。该品种具有稳定的无融合生殖特性，平均无融合生殖率为 17.6%，丰产稳产。抗旱耐瘠薄，适应性强，对核桃黑斑病、炭疽病有较强抗性。适宜华北及与之土壤气候相近地区土层较厚的浅山丘陵区栽培。

近年来全国各地陆续审定、认定的核桃优良品种还有许多，部分优良品种的性状见表 2-1。

表 2-1　核桃部分优良品种

品种	结实早晚	开花特性	坚果形状	单果重/克	三径平均/厘米	壳厚度/毫米	出仁率/%
中核短枝	早实	雌先型	椭圆形	15.0	3.6	1.0	63.8
新丰	早实	雌先型	长卵形	18.0	—	1.3	53.1
辽宁 2 号	早实	雌先型	圆形	12.6	3.57	1.0	58.7

品种	结实早晚	开花特性	坚果形状	单果重/克	三径平均/厘米	壳厚度/毫米	出仁率/%
辽宁3号	早实	雄先型	圆形	9.8	3.2	1.1	58.2
辽宁4号	早实	雄先型	椭圆形	11.4	3.37	0.9	59.7
中林6号	早实	—	长圆形	13.8	3.7	1.0	54.3
中林5号	早实	雌先型	圆形	13.3	3.8	1.0	58.0
元丰	早实	雄先型	卵圆形	13.48	3.3	1.15	49.7
新早丰	早实	雄先型	椭圆形	13.1	3.7	1.23	51.0
丰辉	早实	雄先型	长椭圆形	12.2	3.54	0.95	57.7

第三节　主栽品种的选择

一、选择品种的依据

一个地方该发展什么核桃品种，要综合考虑，不管选择什么品种，3～5个足够了，最好是1～2个主栽品种，2～3个授粉品种，这样有利于提高核桃的商品性和市场竞争能力。品种纯度一定要高，要避免品种混杂，育苗单位和行政管理部门具有不可推卸的责任。选择核桃品种时在考虑生态适应性的基础上，主要考虑以下因素。

第一是结果早晚，生产中以早实类型较受欢迎，一般立地条件好的地方可以发展早实核桃，但在一些栽培条件较差，管理粗放的地方应适当发展晚实核桃。

第二是核壳厚度，以纸壳类和薄壳类为主，露仁类和厚壳类发展要控制。在山区肥水条件较差时纸皮类容易出现露仁现象，这是需要注意的。核壳太薄或者缝合线松的在漂洗过程中容易进水，引起发霉。厚壳类出仁率低，取仁困难，不受消费者欢迎，应尽量避免发展。

第三是抗晚霜能力，核桃花期极不耐霜冻，晚霜危害往往是造成核桃减产甚至绝产的主要原因，在连年发生霜冻的地方要考虑选择抗晚霜能力强的品种。

第四是丰产性，集约化密植栽培的核桃园每 667 平方米坚果产量应达到 200 千克以上，我国核桃在提高单产方面任重而道远。

第五是取仁难易程度，纸壳和薄壳核桃取仁容易，但生产中还有许许多多的在 20 世纪 50 年代到 80 年代栽植的核桃，基本上属于实生繁殖的绵核桃类型，核壳较厚，取仁困难，如果有条件的要高接换优，更新品种。

二、主栽品种与授粉品种

在选择主栽品种和授粉品种时要注意核桃雌、雄花的花期不一致，有"雌雄异熟"现象。研究表明雌、雄同熟的产量和坐果率最高，雌先型次之，雄先型最低。由于雌、雄花盛花期相隔，同一品种雌雄花不容易授粉，在品种选择上要注意雌先型品种和雄先型品种合理搭配（表 2-2），保证授粉品种的雄花盛期同主栽品种的雌花盛期一致。

表 2-2　不同品种的雌雄花期

结实早晚	雌先型品种	雄先型品种
早实类型	纸壳类型：绿波、中林 5 号、北京 861 薄壳类型：温 185、中林 1 号、中林 3 号、西林 2 号	纸壳类型：辽宁 1 号、香玲、鲁光、绿岭、晋丰、薄丰、晋香 薄壳类型：寒丰、薄壳香、扎 343、西扶 1 号、西林 1 号、元丰
晚实类型	纸壳类型：礼品 2 号	纸壳类型：礼品 1 号、晋薄 1 号、晋薄 2 号、晋薄 3 号 薄壳类型：晋龙 1 号、晋龙 2 号、清香、西洛 1 号、芹泉 1 号

核桃是风媒传粉，主栽品种与授粉品种的最大距离应小于 100 米，授粉品种与主栽品种的比例为 1：（3～4）。为达到最佳的授粉效果，配置授粉树时可按 3～4 行主栽品种配置 1 行授粉品种。新栽核桃园最好配置 2 个授粉品种，按株行距均匀配置，主栽品种与

授粉品种要单独成行，便于管理。

核桃的部分品种具有无融合生殖能力，不经授粉也能坐果，在生产中选用这些品种可减少授粉树的配置，并在一定程度上减少晚霜危害的影响，如寒丰、芹泉1号等。

三、优良单株的选择

由于核桃长期进行实生繁殖，后代变异大而使坚果良莠不齐，各核桃产区有许多优良单株，生产中农民也经常在一些认为品质优良的单株上采集接穗，对结果不良的树进行高接换优，在选择优良单株时，应满足以下的条件。

1. 果实标准

坚果三径（纵径、横径、侧径）平均在32毫米以上，平均单果重9克以上，核壳厚度小于1.5毫米，出仁率50%以上，核仁饱满易取，涩味轻。

2. 丰产稳产性

发枝能力强，一个结果母枝可抽生2个以上结果枝，树冠垂直投影面积连续三年平均生产坚果0.3千克/米^{2}或核仁0.15千克/米^{2}以上，大小年现象不明显，结果母枝有连续结果能力。

对于新发现的优良单株，最好在农技部门的指导下进行鉴定，除考虑果实性状、丰产性外，还要考虑抗病性、抗晚霜能力等综合因素后再采集接穗嫁接繁殖，以免造成不必要的损失。

第四节　建园栽植

一、根据立地条件选择品种

立地条件不同生态条件也不同，要选择适宜的核桃品种，以获得最好的经济效益。

一是平川区，交通、气候、土壤、灌溉条件较好，可建集约化栽培核桃园，容易获得较高经济效益，可选择鲁光、丰辉、香玲、中林 1 号、中林 3 号、薄丰、薄壳香和扎 343 等品种。

二是低山丘陵区，各种条件较平川区差，但昼夜温差大，通风和光照条件好，有利提高果实品质。可选择辽宁 1 号、辽宁 3 号、辽宁 4 号、中林 5 号、西扶 1 号、陕核 1 号和陕核 2 号等。

三是中山丘陵区，海拔在 1200 米以上，坡度在 20°以上，土壤有机质在 0.8% 以下，无霜期 160 天左右，可选择晚实品种，如晋龙 1 号、晋龙 2 号、芹泉 1 号、清香、西洛 1 号、西洛 2 号、礼品 1 号、礼品 2 号等，密度不宜过大，适合林粮间作栽培。

二、适度密植

核桃的栽植密度要考虑品种、地势、建园模式等因素，一般早实品种宜密植，晚实品种宜稀植；平地宜密植，山地宜稀植；纯园宜密植，果粮间作宜稀植。为了提高早期收益，可以进行计划密植，计划密植时需注意授粉树的栽植，间伐后要保留适量的授粉品种。为了提高光能利用率一般应南北成行，山坡地采用等高栽植。

1. 平地核桃园模式

平地核桃园选择早实类型的品种，行距 4～5 米，株距 2～3 米。早实类型的品种容易成花，只要树形选择适当、修剪及时，容易获得早期丰产，且能维持较长的盛果期。高密度栽植要控制树冠大小，防止郁闭，后期郁闭时可间伐。

2. 果粮间作模式

果粮间作时选择早实或晚实类型品种，行距 6～8 米，株距 3～4 米。早实品种的株距可小一些，晚实品种的株距要大一些。平地和山坡梯田地均可应用果粮间作的模式，在山地梯田栽植时还可仅在梯田边上或者靠近内侧栽植，一个台面一行，梯田内种植粮食作物或蔬菜、中药材等。

3. 山地核桃园模式

山地核桃园选择晚实类型品种，在土层较薄，土质及肥力较差的山坡地可等高栽植，开等高壕，挖鱼鳞坑或做成小的台田栽植，行距 8～9 米，株距 6～8 米。

4. 计划密植模式

计划密植时选择早实类型品种，初期栽植行距 3 米、株距 2 米，树冠密闭后在行内间伐，隔 1 株去 1 株，变成东西行向，行距 4 米、株距 3 米，过几年后树冠继续扩大，郁闭后按原来的行向隔 1 行去 1 行，恢复南北行向，行距 6 米，株距 4 米。注意计划密植时要选定永久株和临时株分别对待，永久株要培养有中心干的树形，临时株多结果，采用无中心干的开心树形，在幼年期永久株多疏果，适量少结果或不结果，而临时株可以在栽植后尽快开始结果，多留果。注意间伐后要保留一定数量的授粉树。

不管采用哪种栽植模式，一定要加强树体管理，使其发挥群体效应，早结果，多结果。

三、苗木选择

核桃建园时应使用品种纯正的嫁接苗，购买苗木时要选择正规的育苗单位，签订购苗合同。核桃嫁接苗一般要 2 年培育而成，第一年春季播种，夏末秋初断根处理，以增加侧根数量，冬季埋土防寒。第二年春季齐地面平茬，在 5～6 月用方块形芽接，嫁接的同时在嫁接口以上留 2 片叶子短截，抑制营养生长，有利成活。嫁接后 7～10 天可以检查成活情况，嫁接成活的在接口上 0.5 厘米剪砧，促使接芽萌发，到秋季可以成苗。入冬之前挖出，直接栽植或埋入沙土中保存至第二年春季栽植。

1. 嫁接苗的质量要求

栽植核桃选用的苗木以达到二级苗以上为宜，要求嫁接口愈合良好，生长健壮，主根发达，侧根在 15 条以上，无病虫害和机械损伤，苗木高度 60 厘米以上，基部直径达到 1.0 厘米以上。核桃苗根系失水后成活率会大大降低，所以在起苗、运输、栽植过程中都要注意保水。

2. 苗木品种混杂的问题

核桃苗木品种混杂是现在生产遇到的最大问题，核桃产业化首先要做好品种化，按照各地的生态条件和栽培管理技术水平选择合适的品种。核桃苗木单从枝叶上很难区分品种，所以在育苗时要把好关，苗木运输、栽植的各个环节都要防止品种混杂。采穗圃要求母株品种纯正、来源清楚，等到挂果后才能采集接穗，但是生产中的许多小规模的育苗者没有自己的采穗圃，或者没等母株挂果就采穗嫁接，种种原因导致了品种的混杂，给生产带来了巨大的损失。现在许多地方新发展的核桃园，只知道是嫁接苗，但是到底是哪个品种，根本不清楚。

3. 核桃嫁接苗的识别

正常的嫁接苗要经过一次嫁接、两次剪砧，即育苗的第二年春季平茬剪一次，嫁接成活后再在接穗上方剪一次，因而形成了"三拐"苗，这是识别核桃嫁接苗的关键，另外嫁接部位一般会有膨大的愈伤组织，没有愈伤组织的不是嫁接苗（图2-1）。

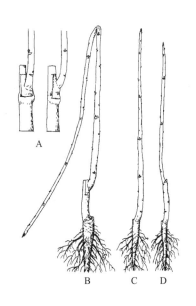

图 2-1　嫁接苗的识别
A—嫁接部位；B—嫁接苗；C，D—非嫁接苗

近年来由于核桃发展势头迅猛，每年都需要大量的核桃嫁接苗，而核桃嫁接苗培育周期长，嫁接技术要求高，因而育苗成本也高，一些人为了追逐私利，搞出了一些假嫁接苗，给生产带来了很大的损失。假嫁接苗有两种，一种是在砧木的一个芽子周围用刀割四方形口，剪除芽子上方的枝条，让这个芽子萌发；另外一种是进行了正常的嫁接操作，但是所用的接芽是从砧木自身上取下来的，不是优良品种，假嫁接苗的迷惑性大，很难识别。

非嫁接苗主要是嫁接未成活而混杂进嫁接苗里的。有些砧木苗比较弱，第二年平茬后生长粗度达不到嫁接要求，没有嫁接的苗木混杂在嫁接苗中一起出圃，只有"两拐"，部分非嫁接苗进行了两次平茬，也是"三拐"，但是没有嫁接口。

四、栽植方法

1. 栽植时期

核桃苗可春栽或秋栽，春季干旱的地方以秋栽为好，秋季栽植在苗木落叶之后至土壤上冻之前（10月下旬～12月上旬），栽后要埋土越冬，秋栽有足够的缓苗时间，第二年生长良好。有灌溉条件时可春栽，春栽在土壤解冻后至萌芽前（3月下旬～4月中旬），大面积栽植时将苗木保存在地窖、冷库中可延长春栽的时间至5月上旬，春栽能省去埋土和撒土的操作，以早栽为好，否则缓苗期长，当年生长慢。

2. 挖定植坑

定植前先按株行距定好点，按点挖坑，便于以后的管理。核桃根系较发达，伸展范围广，为了促进根系生长，一般要求挖长、宽、深均为1米的大坑。但近年来为了节约栽植成本，挖坑的直径一般在80厘米左右，如果是用挖坑机挖坑，常常为直径60～80厘米，深80厘米的圆形坑。人工挖坑时直径1米的土方是1立方米，而直径80厘米的坑，土方只有0.512立方米，直径60厘米的圆坑，土方仅仅为0.226立方米。挖坑时土方越小，疏松土壤的作用越差，有经验表明，挖大坑的苗木栽植后生长情况比小坑好。

秋栽时可在 8~10 月挖坑，春栽在头年秋天挖坑，但是大多数的春栽都是现挖坑现栽树。人工挖坑时要求将表层熟土与下层生土分开放置。

人工挖坑时要尽量挖成上下一般大，但由于操作的问题常常挖成口大底小的"斗"形，以后深翻扩穴时不容易操作。机器挖坑成本低，效率高，但坑壁受到挤压，形成比较硬实的土层，根系难以穿透。影响树体的生长，常形成"小老树"。

3. 施基肥

秋季挖好坑后将表土混合有机肥回填，浇水沉实，心土不回填，而用行间的表土回填，最后将心土铺至行间，加速生土熟化。株施农家肥 50 千克，混入磷肥或复合肥 2.5 千克，坑底还可以压入 2.5~5 千克的秸秆、杂草等，注意秸秆的量不能太多，多了将来地表容易下陷。

春季挖好坑直接栽树时将表土混合有机肥回填至距离地表 20 厘米左右，边回填边踩实，然后再栽苗，俗称"深挖浅栽"，苗子根系周围的土不要施肥，防止烧根。

4. 授粉品种的配置

在栽植前要清点苗木数量，安排好授粉品种。授粉品种的配置方式有中式和行列式，为了便于管理，一般以行列式配置为宜。一般 1~3 行主栽品种配 1 行授粉品种，如果是两个授粉品种，可将授粉品种栽植在一起或分开栽植（图 2-2）。考虑到地形和风向，授粉品种栽植时丘陵地在山坡上部多一些，下部少一些；春季主风向的上风处多一些，下风处少一些。如果新建园周围有比较多的老核桃树则可考虑适当少配一些授粉树。

栽植时要由专人负责苗木的摆放，按照栽植计划将主栽品种和授粉品种分别放入定植坑中，其他人不能移动苗子的位置，否则易造成品种混乱，给以后的管理带来麻烦。栽植完成后要及时画定植图，存档留查。

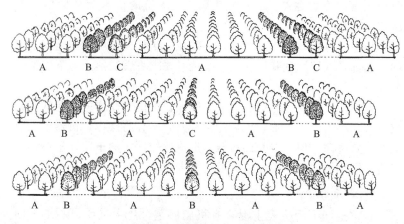

图 2-2 授粉品种的配置

A—主栽品种；B，C—授粉品种

5. 栽植操作

栽植时要拉线栽植，以保证定植的苗木横平竖直，整齐划一。苗木栽植前要定好干（也有栽后定干的），在定干的剪口涂抹愈合剂防止失水，同时修整根系，将过长的、劈裂的以及受损伤、腐烂的根系剪除，露出新茬。栽前浸水12小时以上，水中可加入生根粉，并蘸泥浆，以利苗木萌发新根。泥浆的配方：在地上挖一个土坑，留下虚土在坑内，加入适量的水，按说明书比例倒入生根粉或根宝，混合成能挂在根上的泥浆。注意栽植时苗木要放在阴凉的地方，并加以覆盖，不能在太阳下暴晒。

如果是前一年秋季挖好且已经回填沉实的坑，栽植前再挖一浅坑，以能放下苗子的根系为度。栽苗时一人扶苗，将根系舒展后放入栽植穴内，使根系四向伸展，一人回填土，并将苗子向上提一提，使根系舒展，边填土边用脚踩实，与土壤充分接触。现挖坑栽植时根颈比地面高出3～5厘米，待灌水和土壤落实后，根颈与地表相平为宜，过深或过浅均不利于苗木生长。栽后要浇水，覆约1米²的地膜，可保肥保水，提高地温，栽植成活率能达到98%以上。

生产中为了防止苗木丢失，常常栽植过深，有的把嫁接口埋入土中20厘米以上，这样不利于苗木生长。

6. 栽后管理

栽树前，挖坑要根据当地灌溉条件来确定其大小，能灌溉的，要挖大坑浅栽树；灌溉条件较差的，要掌握浇水能把树坑灌透；不能灌溉的要在墒情好的秋季栽树，树坑不要大，要保证能把树坑踩实保证根系和土壤充分接触。

苗木栽植后要及时整理树盘、浇透水，让根系和土壤紧密接触，有利成活。栽后3~5天再灌一次水。秋冬栽植后可直接埋土越冬，埋土厚度一般为20~30厘米。春季栽植的苗木可在苗上套一个长塑料袋，塑料袋要把整棵苗木套住，并在下部用绳扎紧，以减少水分蒸发。对重截干的可在浇水后埋一个土堆，待发芽前后将土堆清理掉。

五、核桃树越冬保护

核桃在冬春季节抽条现象严重，常常造成小树死亡、大树减产，因此对核桃树体需要加强越冬保护。栽植当年的幼树和2~3年生的核桃树最易遭受冻害，尤其是夏季生长量比较大的早实品种，更容易遭受冻害。冬季越冬保护的主要对象是容易抽条的幼树，但是大树抽条现象也很严重，有的品种栽植7~8年了还发生抽条现象，结果大树抽条后往往导致结果枝死亡，影响来年产量。

抽条是一种生理性缺水现象，称为"冻旱"，冬季来临时核桃枝条不充实，皮孔大，容易散失水分，而土壤温度低，根系吸水能力差，当根系吸收的水分少于枝条蒸发的水分时就会发生抽条。冻旱的另一种表现是"日灼"，主要发生在枝条的向阳面，冬季太阳照射使向阳面的组织温度提高，水分散失加剧，最后使这部分组织干枯死亡。预防抽条一方面要减少枝条水分的蒸发，另一方面是要增加根系水分的供给，生产中采用的防止抽条的方法主要有埋土、树干包扎、涂白、涂聚乙烯醇等，为加强越冬保护的效果，可以综合采用2种以上的技术措施，如根颈培土＋树干涂白＋涂聚乙烯醇等。最有效最安全的方法是埋土（图2-3），树干包扎报纸越冬的方法效果并不好，防止核桃枝条冻害和抽条绝对禁止单用塑料条缠裹，涂抹凡士林和各种油脂，否则会加剧抽条，造成涂抹部分死亡。

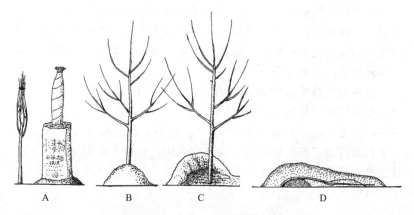

图 2-3　埋土越冬的方法
A—编织袋埋土；B—埋土堆；C—筑防风埂；D—弯倒埋土

近年来，由于各地大面积发展核桃树时没有考虑到气候的因素，新栽幼树在春季寒流到来时冻梢现象严重。山西晋中地区以前的核桃大树很少发生冻害，但近年来发展的幼树冻害、抽条现象很多。在核桃枝芽萌发后，寒流的到来使萌发的芽、新梢受冻，核桃产量降低，威胁生产，应注意采取措施延迟萌发。

1. 埋土越冬

苗圃地内的一年生播种苗，秋末对地上部分进行埋土，埋土高度应将苗木全部埋严且高出苗顶 10～15 厘米。

树龄较小，枝条较细的小苗能够弯倒的可以向一侧弯倒埋土，埋土厚度应达到 20～30 厘米，以防止冻害和抽条发生，这是防止抽条最有效、最可靠的措施。时间在 11 月中旬以后上冻之前，待第 2 年春季土壤解冻后，及时撤土，将幼树扶直。

树体较高，不能弯倒的可采用外套直径 40～60 厘米编织袋，袋中间填土的办法防寒，翌年春季气温回升且稳定后撤掉编织袋，去除土堆。

核桃树体较大后，抗寒能力增强，可培土防寒，在苗木基部培一30厘米高的土堆，以防冻伤根颈及嫁接口。

筑埂防风，在土壤封冻前，在距树0.3米的西北侧筑长0.5～1米、高0.3～0.5米的半月形土埂，防止西北风危害。

2. 树干包扎

对无法埋土，又抽条严重的树，要对树干包扎越冬。在12月间、严寒来临之前，对幼树的主干、主枝等用玉米秆、稻草或杂草等进行包扎，对嫁接部位和嫁接树基部50厘米用旧衣服、碎布、报纸等进行包扎，也有将所有枝条都包扎的，比较费工。树干包扎越冬的效果并不理想，因此并不推荐使用这一方法。

3. 树干涂白

对3年生以上的核桃树，在土壤结冻前涂白树干，可减小枝干昼夜的温差，防寒效果较好，涂抹时要将主干、中心干、主枝等全部涂抹（图2-4）。涂白剂的配方见第六章第三节。

图2-4　树干涂白

4. 涂聚乙烯醇

上冻前，可用熬制好的聚乙烯醇将核桃苗木主干均匀涂刷，可有效减少枝条水分蒸发。聚乙烯醇的熬制方法：一般采用聚乙烯醇：水＝1：（15～20）的比例进行熬制，首先用锅将水烧至50℃左右，然后加入聚乙烯醇（不能等水烧开后再加入，否则聚乙烯醇不能完全溶解，溶液不均匀），边加边搅拌，直至沸腾，然后再用文火熬制20～30分钟即可，待温度降到不烫手后涂刷。

5. 其他措施

核桃越冬抽条现象比较严重，尤其是新栽小树，应加强采取综合措施减少抽条现象的发生，主要措施如下所述。

前促后控，加强肥水管理。春、夏两季多施化肥、多浇水，促进苗木生长；7月以后控肥控水，以缓和苗木生长势，促进枝条充实木质化，增强抵抗能力。核桃采收后，及时追施有机肥，补充树体营养，增强树体抗寒能力。

幼树栽植后的前几年，严禁间种高秆农作物，严禁种植秋冬季收获的蔬菜，如大白菜等，防止大青叶蝉产卵。防止腐烂病等枝干病害的发生。

适时灌足越冬水，越冬水不应晚于11月底。有条件的地方在2月份灌溉补充水分，增加土壤水分供给。

在园地选择和规划时要避开地势低洼、风口等容易发生抽条，不利核桃生长的地块。

6. 受冻苗木的管理

苗木受冻后要加强管理，尽快促其恢复生长，恢复树势。对于遭受冻害但嫁接枝基部尚有存活芽的嫁接苗，通过剪除受冻干枯枝，加强肥水管理，促进其生长；对于冻害使嫁接部位以上全部干枯的嫁接苗，应进行平茬处理，加强肥水管理，利用原有根系培养苗干，夏季进行芽接；因冻害而死亡的幼树，春季应进行补植；地温回升后，应尽早浇萌芽水，促进受冻幼树尽快萌发；树芽萌发后，适时剪除干枯的枝干，重新培养树形。

六、合理间作

核桃种植的行距比较大，幼树期生长缓慢，很难一下子占满空间，合理的间作可以充分利用光能、地力和空间，提高核桃园的经济效益，在间作管理的同时，核桃树也得到土肥管理，核桃树生长往往很好。因此在栽植核桃的前期进行间作是必然的，但是要注意间作物的种类和间作方式。

1. 间作物的种类

常见的核桃园间作物包括蔬菜、粮食、中药材、绿肥等低矮的作物，尽量不种玉米、高粱等高秆作物。目前各地核桃园种植的间作物有花生、豆类、薯类、中药材、小麦、谷子、辣椒、西红柿、甜瓜、三叶草、草木樨、小冠花等，也有在核桃行间培育核桃或者其他果树苗、绿化苗的。

2. 间作注意事项

间作物种类和间作形式以有利于核桃的生长发育为原则，应留出足够的清耕带，间作物不能离核桃树太近，以免影响核桃树的正常生长发育，间作时要距树干 1.5 米以上，随着树冠的扩大，间作带要变窄。栽植 5 年以内的幼树可以间作，5 年以后树冠扩大，不宜间作。

间作物的生长不能影响核桃树的生长，更不能因为间作而将树冠下部的枝条去掉。切忌种植高秆作物，否则会影响核桃树长势，另外不能种植大白菜等秋菜，否则幼树易遭大青叶蝉（浮尘子）的危害。间作物的需肥需水关键期要与核桃树的需肥需水期错开，防止争肥夺水，影响核桃的生长。另外在荒山、滩地建造的核桃园，立地条件差，肥力低，间作应以养地为主，可间作绿肥和豆科作物等。

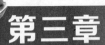

第三章
核桃整形修剪技术

　　整形修剪是核桃栽培管理的重要内容，也是技术含量最高的一个环节，对于大多数的栽培者来说，整形修剪是一门很难掌握的技术。实践证明，只有多学习修剪的理论知识、多观察修剪反应、多亲自操作，反复多年才能掌握整形修剪这门技术。

第一节　修剪的意义

　　核桃树通过合理的整形修剪，培养出丰产树形，调整好生长与结果的关系，才能达到早结果、多结果，连年丰产的目的。

　　核桃树整形修剪时需要根据核桃树生长发育的内在规律和外界条件，综合运用各种修剪技术，如短截、回缩、缓放、疏枝等，使核桃的树冠形成科学的结构和形状（个体结构），同时还要使核桃园整体上形成合理的结构（群体结构）。

　　核桃喜光，修剪不合理时，极易使主枝基部枝条枯死，导致内膛空虚，外围结果，产量降低，因而在修剪中要注意培养丰满的树形。无论何种树形，成枝力弱的树种，可适当短截，以促生分枝；成枝力强的树种，一般少短截，可采用分段抹芽的方法，选留主枝和枝组，力争做到主从分明，骨架牢靠，枝条丰满而不密挤，以形成充足的结果单位，从而提高产量。

一、修剪的目的

核桃修剪的目的一是按照目标树形培养合理的树体结构，培养或更新结果枝组；二是要平衡树势，调节光照，调整好生长与结果的矛盾。

栽培核桃的最终目标是结果，而实现这个目标与修剪有很大的关系，许多重栽不重管的园子栽后多年不结果，要加强对这些树的修剪，培养合理的树体结构，还有一部分是已经挂果的树因管理不善而产量很低，不能达到预期的产量和经济效益。这些树只有通过修剪才能实现早果丰产的目的。

修剪的具体目标是培养树形，调整结构，更新枝组，调节营养生长与开花结果的矛盾，每次修剪时都要明确这个目标，要坚持每年都修剪，更要坚持四季修剪，才能达到修剪的目的，不修剪或只进行冬季修剪不搞夏季修剪，是很难实现修剪目的的。

二、核桃修剪的原则

核桃整形修剪的研究不如苹果、梨等果树研究深入，总体来说核桃的修剪还是比较粗放的，核桃的一些修剪原则和方法都是借鉴苹果而来的，今后要针对核桃的生长特性研究选择适合核桃的树形和修剪方法。

1. 核桃修剪的辩证思维

核桃整形修剪时要掌握好 4 项原则，辩证思考，具体实施如下所述。

（1）因树修剪，随枝做形　核桃由于品种、砧木、树龄、树势及立地条件的差异，即使在同一园片内，单株间生长状况也不相同，因此在整形修剪时，既要有树形的要求，又要根据单株的生长状况，灵活掌握，随枝就势，因势利导，诱导成形，以免造成修剪过重，延迟结果。

（2）统筹兼顾，长远规划　核桃树在整形修剪时要兼顾树体的生长与结果，既要有长计划，又要有短安排。幼树期既要整好形，又要有利于早结果，生长结果两不误。片面强调整形，不利于提高早期效益；只顾眼前利益，片面强调早丰产，会造成结构不良，不利于后期产量的提高。对于盛果期树，也要兼顾生长与结果，做到结果适量，避免隔年结果，防止树体早衰形成小老树。

（3）以轻为主，轻重结合　核桃树修剪时要尽可能减少修剪量，减轻修剪对核桃树整体的抑制作用，尤其是幼树，适当轻剪，有利于扩大树冠，增加枝量，缓和树势，达到早结果、早丰产的目的。但是修剪量过轻，也会减少分枝和长枝比例，不利于整形，骨干枝不牢固。

（4）平衡树势，从属分明　核桃树要保持各级骨干枝的优势及同一级枝条间的生长势均衡，做到树势均衡，中心干比主枝强，主枝比枝组强，主枝之间长势相对一致，从属分明，才能建成稳定的结构，为丰产、优质打下基础。

2. 缓势修剪的思想

核桃缓势修剪的核心是"轻剪长放多留枝"，因为短截后会刺激剪口下的枝条旺盛生长，因此要尽量少短截，减少修剪量。主要通过疏枝去除过密枝条，调节树体生长势，使树势整体缓和，在疏枝时要去直留平，去旺留壮。

在生产实践中，应根据品种特点、栽培密度及管理水平等确定合理的树形，但在具体整形修剪时，要遵循"因树修剪，随枝造型，有形不死，无形不乱"的原则，切不可过分强调树形，对核桃树大杀大砍，将大树剪成小树。要注意同一个园子要整成一个统一的树形，不能杂乱无章。

早、晚实核桃生长特性不同，应区别对待。晚实类型的品种以顶花芽结果为主，幼树枝量少，坐果率低，进入盛果期较晚，早实品种一年生枝条上的顶芽、侧芽均能形成花芽。因此晚实品种的结果枝组要少短截，以免剪掉花芽，多通过疏枝来修剪，早实品种可通过疏枝和短截相结合进行，适当疏掉部分花芽。

3. 整形修剪新思路

把一棵核桃树剪好不容易，把一片核桃园剪好更是难上加难，原因就是现在对核桃修剪的研究还较少，许多修剪方法和修剪反应还需要观察研究，特别是受"因树修剪"思想的影响，一个园子里的树形太多、太乱，修剪者几乎无从下手。所以我们希望新建核桃园从小培养树形时只用一种树形，所有的树都是一个形状，整齐划一，这样后续的修剪管理才容易进行。而且这个树形一定是经过实践证明是一个好的树形才行，生产中许多地方树形也一致，但都是放任生长的树形，是不丰产的树形，这些树是要改造的对象。

三、修剪的顺序

一个核桃园在修剪之前，应先确定修剪方案，明确修剪的目的，特别是目标树形要唯一，多年坚持严格执行一套技术方案。面积较大的核桃园在修剪前要集中培训，让每个参与修剪的人都把修剪思路、树形目标等统一了，这样园子里的树形才能一致。修剪组织者还要做示范修剪，必要的时候要对修剪者进行考核，只有考核合格，能充分理解修剪意图、掌握修剪手法的人才能参加修剪。修剪一段时间后要集中点评、交流、学习，这样才能统一修剪手法，不断提高修剪水平。

正式修剪时首先观察树体结构，看有无需要去掉的大枝，包括影响结构的大枝、受病虫害危害严重的枝条等。第二步是拉枝，先把枝条拉开角度看一下再决定相关的一些枝条的去留，原先密挤的枝条可能在拉枝后还不够用。最后再动手修剪，枝组修剪要精细进行。修剪时讲究"枝枝过眼"，不一定所有的枝条都要动手修剪，但一定要把所有的枝条都看一下，决定是否应该修剪，该如何修剪，要给出修剪的理由，思考修剪后第二年可能会长成什么样子。修剪完成后要再次整体观察一下，看是否有遗漏的地方或修剪不到位的枝条，做一些补充修剪。

修剪后可以由经验丰富的技术员对剪过的树进行检查，修正一些修剪错误的地方。

四、早实核桃修剪特点

早实核桃和晚实核桃的生长特性有很大的差别，因此这两类核桃的修剪特点也不同，在修剪时要特别注意通过观察确认所剪的树是哪一类型，不可混淆。

早实核桃幼树修剪宜轻不宜重，延长枝适当短截，疏旺枝留壮枝，结果枝组不短截，应尽量多保留枝叶量，多应用摘心、别枝、拉枝等夏季修剪方法，主要是对结实率低、生长弱的内膛枝条进行疏除修剪；利用和培养徒长枝，当结果枝干枯或衰弱时，可重短截，促其基部隐芽萌发徒长枝，经长放或轻剪后，培养新结果枝；对树冠外围生长的二次枝进行短截，促其萌发分枝开花结实，对内膛萌发的二次枝疏除为主，改善通风透光条件；早实类核桃大量结果后，主、侧枝角度变大，呈衰退趋势，应用回缩修剪技术促进萌枝，抬高分枝角度，逐步更新复壮主、侧枝。

早实核桃进入结果盛期以后，树冠扩大明显减弱，特别是二次枝的抽生数量不仅减少而且长势减弱，有的不再抽生二次枝，结果枝的枯死更替现象明显，徒长枝也常有发生，因此修剪时要注意以下几点。

（1）疏枝　早实核桃的侧生枝结果枝率较高，为了使养分集中，应疏除弱结果母枝，这类枝坐果率较低，保留壮的结果母枝。

（2）回缩　当结果枝组明显衰弱或出现枯死时，可通过回缩使其萌发徒长枝，再短截，发出3～4个结果枝，培养成结果枝组。

（3）二次枝处理　方法与幼龄阶段基本相同，重点是防止结果部位迅速外移，对树冠外围生长旺盛的二次枝进行短截或疏除。

（4）清理无用枝　主要是疏除树膛内过密、重叠、交叉、细弱、病虫和干枯枝。

五、晚实核桃修剪特点

晚实核桃的生长发育特点是2～3年生才开始增加分枝，3～5年开始结果，因此晚实核桃幼树修剪除培养树形外，还应通过修剪达到促进分枝，提早结果的目的。晚实核桃在未开花结果以前，抽生的枝条均为发育枝，将发育枝进行短截是增加枝量的有效方法，短截的对象主要是一级和二级枝轴上抽生的生长旺盛的发育枝。一株树上短截枝的数量不要过多，平均为总枝量的1/3，而且在树冠内分布要均匀。短截的方法有中度短截和轻度短截。枝条较长时

（1米以上），进行中度短截（截去枝条长度的1/2），枝条稍短（0.7～0.9米）时，进行轻度短截（截去枝条长度1/3～1/4），重短截较少采用。另外晚实核桃的背下枝长势很强，为了保证主、侧枝原枝头的正常生长和促进其他枝条的发育，在背下枝抽生的初期，即可从基部剪除。

晚实核桃由于树冠外围枝量不断增多，树冠内膛通风透光逐渐恶化，进入盛果期后应注意疏除树冠内膛的密挤细弱枝，必要时还得疏除一些过密的或生长部位不当的大枝。具体的修剪方案如下所述。

（1）调整骨干枝和外围枝　晚实核桃随树龄增长，树冠不断扩大，结实量增大且分枝逐年增多，大型骨干枝常出现下垂现象，外围枝伸展过长，下垂得更为严重。对于延伸过长、长势较弱的骨干枝，可在有斜向上生长侧枝的前部进行回缩。对树冠外围过长的枝条，可视情况进行回缩或疏除。

（2）结果枝组的培养与更新修剪　进入结果盛期后，除继续对结果枝组进行培养与利用外，还应进行复壮更新，保证其正常生长和结实，防止结果部位外移。其方法是：对二、三年生的小枝组，采取去弱留壮的办法，不断扩大营养面积，增加结果枝数量。当生长到一定大小、占满空间时，则应疏掉强枝、弱枝，保留中庸枝，促使形成较多的结果母枝。正常健壮的小枝组，可不进行修剪。如果小枝组已无结果能力，可一次疏除。对长势已弱的中型枝组，应利用回缩的方法加以复壮，促使枝组内的分枝交替结果。有些枝条长势过旺，也可通过去强留壮，加以控制。对于大型枝组，要注意控制其高度和长度，以防"树上长树"。

（3）辅养枝的利用和修剪　凡着生在中心干上，能够补充空间，辅助主、侧枝生长的枝条，称为辅养枝。对辅养枝的修剪应掌握以下几点：辅养枝的去留应以有利于主、侧枝的生长为原则；辅养枝应小且短于邻近的主、侧枝，不留延长枝；辅养枝长势过强时，应去强留壮，或者回缩到下部较弱分枝处；留作结果的辅养枝，应占有一定的空间，可短截枝头，改造成大、中型结果枝组，如果空间较大，还可适当延伸，但不能影响主枝和各级侧枝的生长。

（4）背下枝的处理　晚实核桃的枝条，普遍存在背下枝强旺和"夺头"现象。对背下枝要及时处理或剪除，如果背下枝长势中庸，并已形成混合芽，可保留结果；如果生长健壮，结果后可在适当部位回缩，培养成小型结果枝组。背下枝的生长势已经超过原头，原头衰弱时可用背下枝换头，将原带头枝疏除或改造成结果枝组。

（5）徒长枝的利用　进入结果盛期的晚实核桃树很少发生徒长枝，只有当各级骨干枝受到刺激，才能由潜伏芽萌发出徒长枝，常造成树膛内部枝条紊乱。处理方法可视树冠内部枝条的分布情况而定，如果内膛枝条比较密集，影响枝组正常生长时，可将徒长枝从基部剪除；如果徒长枝附近空间较大，或其附近结果枝组已明显衰弱，则可利用徒长枝培养成结果枝组。

六、核桃"伤流"的问题

因为核桃休眠期有"伤流"现象存在，对于核桃在什么时期进行冬季修剪，有截然不同的两个观点，一种认为核桃的修剪应该避开伤流期，认为"伤流"会使养分和水分大量损失，影响树体正常生长结果，修剪应避开伤流期（11月中旬至3月下旬），修剪需在果实采收后至树叶变黄前进行，幼树在春季萌芽展叶后进行。一种认为在秋季和春季修剪虽然避开了伤流期，但剪掉的枝叶对树体营养的浪费更为严重，应该在冬季伤流较轻的时候进行修剪，这个时期是在12月中旬至3月中旬。河北农业大学试验证明，核桃可在休眠期修剪，在生长季修剪损失营养太多，比在休眠期修剪对树势的削弱作用更大。

1. "伤流"发生规律

核桃树在休眠期有伤流现象，枝条的木质部或者韧皮部受到损伤后，在被伤害处会接连不断地流出树液。根据研究，核桃伤流液的发生在一年中有两个高峰期：一是落叶入冬后，随着气温的降低，伤流量增大，到"大寒"达到最冷时，剪断枝条后伤流量不大，只在白天中午前后高温时出现伤流，但是到天气转暖后还会出现大量伤流，萌芽前基本没有伤流；二是萌芽后随着新梢的生长，伤流又开始增加，开花后逐渐降低。

2. 避开休眠期修剪的观点

核桃树的伤流一般从落叶后开始到来年春季芽萌动后停止，伤流中含有大量的矿质营养和有机营养，较多的伤流会浪费树体营养，削弱树势，核桃树休眠期修剪易发生伤流而削弱树势，甚至造成局部枝条枯死。因此修剪要选择无伤流的适当时期，一般在秋季果实采收后只修剪大枝，调整树体骨架，冬季基本结束后的春季萌芽前修剪小枝，调节树体负载量。

3. 休眠期修剪的观点

过去都是讲核桃冬季有伤流发生，所以落叶后不能修剪，要抓紧在果实采收后落叶前修剪，或第二年展叶后修剪，可避免伤流的发生。经过许多单位所做的修剪时期的试验研究，充分证明冬季修剪效果更好，尽管会发生伤流，冬剪后不论发枝、营养生长和产量都比过去的做法好，采收后修剪稍次，春剪更次。所以我们应大胆实行冬季修剪，为了减少伤流时间，把修剪时间安排到萌芽前而不要太早。

许多果区的做法是采收时修剪，此时表面上看没有伤流的发生，但此时离核桃落叶还有近 2 个月的时间，此时修剪使枝叶量减少，同时减少树体的光合积累，营养损失更严重。

4. 冬季修剪时期的建议

经过多年的修剪实践，笔者认为小树修剪应避开伤流期，而大树可以在伤流期修剪。成年大树的冬季修剪在 12 月中旬至 3 月中旬进行，修剪时产生的伤流对树体的影响并不大。幼树由于根系小，吸水能力差，冬季修剪产生伤流会削弱树势，应尽量减少小树的冬季修剪量，而主要通过夏季修剪来整形、扩大树冠，使其尽快结果。对于刚栽植的幼树，根系损伤较大，水分吸收能力大减，此时定干剪枝绝不会产生伤流，不论是春栽还是秋栽都一样，定干后马上用愈合剂、油漆等封闭剪口，减少水分散失，确保苗木成活。综合各种因素，可以确定如下修剪时期。

第一个时期是核桃叶变色后至落叶前，一般 10～15 天，此时主要是疏除一些大枝。

第二个时期是冬季数九寒天时，此期由于昼夜温差小，伤流量较轻，此期一般 30～40 天，大多数核桃园可在此期修剪，但此时天气很冷，实际进行修剪的人较少。

第三个时期是核桃萌动前的一个月，一般在 2 月份至 3 月上旬，选择温差比较小且天气持续较稳定的时间段内修剪，伤流也较轻，这时温度回升，天气较暖和，是最适宜的修剪时期，此期要避开冷暖空气交流频繁的时间段内修剪，否则伤流会很重。

我们在冬季进行了很多核桃树的修剪，到夏季时生长都很好，还没有出现因伤流而死树的现象，所以不用担心冬季修剪"伤流"的问题。生产中确实有因在冬季修剪后核桃树死亡的现象，要分析死树的具体原因，不能因为由于其他原因（主要是冬春的抽条）死树而不敢在冬季修剪。

第二节 修剪方法和修剪反应

任何一种修剪技术都是由最简单的多种修剪操作构成的，在修剪之前要做到心中有数，要十分清楚每种修剪方法的修剪对象、操作方法和可能的修剪反应，知道自己要把树剪成什么样子，推断明年能长成什么样子。综合灵活运用各种修剪方法去实现修剪目的，只有这样才能剪好核桃。常用的修剪方法有短截、疏枝、回缩、拉枝等，在不同的生长时期又有一些不同的修剪方法，每种修剪方法的修剪反应都不相同，同时修剪反应还受品种、树势、枝条粗度、方位等诸多因素的影响，在修剪时要全面考虑。

一、休眠期修剪方法

核桃休眠期修剪常用的修剪方法有缓放、短截、疏枝、回缩、拉枝等。

1. 缓放

缓放就是对枝条不剪，也称甩放或长放，是利用枝条生长势逐年减弱的特性，放任不剪，避免修剪刺激旺长的一种方法（图 3-1），其作用是缓和枝条生长势，增加中短枝数量，促进幼、旺树早结果。一般情况下核桃枝条缓放后，第二年易萌发长势相近的数个小枝，这些小枝容易形成结果母枝，缓放有助于核桃缓和树势，形成花芽。

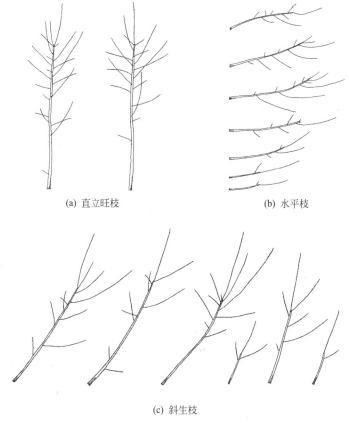

(a) 直立旺枝

(b) 水平枝

(c) 斜生枝

图 3-1　缓放及其修剪反应

缓放时因保留下的枝叶多，因此母枝增粗显著，特别是背上旺枝生长极性显著，容易越放越旺，出现树上长树现象，所以缓放的对象一般是生长平斜的中庸枝条。旺枝特别是背上旺枝不能甩放，若甩放必须配合拉枝、拧枝等改变枝条生长方向，并加以刻伤、环剥等措施，才能削弱枝势，促进花芽形成。要特别注意晚实核桃细弱枝缓放后多只有顶芽萌发，侧芽萌发较少。

2. 短截

短截是指剪掉一年生枝条的一部分。通过短截的局部刺激作用，可以促进侧芽萌发和生长，短截后的枝条会抽生若干分枝，促进骨干枝的健壮生长，使枝条合理地向上向外生长，以扩大树冠，增加结果部位。依据剪去的程度分为以下4种。

（1）轻短截　只剪掉枝条上部1/4左右枝段。剪口芽为枝条上部的饱满芽，一般多用于培养骨干枝而短截延长枝。轻短截后萌芽率提高，形成较多的长枝、中枝，成枝力提高，且单枝生长势强，轻短截有利于扩大树冠和枝条生长，增加尖削度（图3-2）。

（2）中短截　在枝条中上部剪截，大约剪去枝长的1/3～1/2，剪后形成较多的中短枝，单枝生长势较弱，可缓和树势，但枝条萌芽率高（图3-3）。

图 3-2　轻短截及其修剪反应　　　图 3-3　中短截及其修剪反应

（3）重短截　在枝条中下部弱芽（半饱满芽）处截，一般剪口下只抽生1～2个旺枝或中枝，生长量较小，树势较缓和，一般多用于培养结果枝组（图3-4）。

（4）极重短截　在枝条基部1～2个瘪芽处剪截，截后一般萌发1～2个中庸枝，可降低枝位、缓和枝势，一般在生长中庸的树上应用较好，多用于竞争枝的处理和小枝组培养（图3-5）。

晚实核桃的萌芽率、成枝力均较弱，树冠内枝条稀疏，无效空间较多，因此需要适当多短截枝条，以促生分枝，扩大树冠，充实内膛，培养枝组，增加结果部位。

图 3-4 重短截及其修剪反应

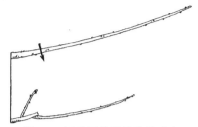
图 3-5 极重短截及其修剪反应

剪口芽的位置会影响将来枝条的生长方向，短截时要注意剪口芽的位置，一般的要求是留外芽、下芽，不留上芽（图 3-6）。

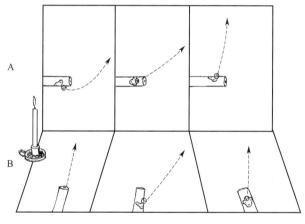
图 3-6 剪口芽的位置
A—侧视图；B—顶视图

3. 疏枝

疏枝是将无用的枝条自基部剪掉，疏枝后可改善树体的通风透光条件，有利于光合作用的进行。疏枝的对象主要是密挤枝、病虫枝、干枯枝、徒长枝、重叠枝、交叉枝、对生枝、背后枝等。疏枝能够削弱伤口以上枝条的生长势，增强伤口以下枝条的生长势，但对全树或被疏枝的大枝起削弱生长的作用（图 3-7）。

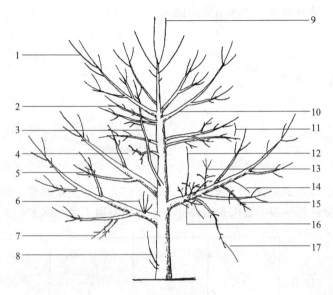

图 3-7 疏枝的对象

1—背后枝；2—并生枝；3—穿膛枝；4—病虫枝；5—交叉枝；6—丛生枝；
7—平行枝；8—萌条枝；9—竞争枝；10—轮生枝；11—重叠枝；12—徒长枝；
13—背上直立枝；14—细弱枝；15—交叉枝；16—过密枝；17—下垂枝

核桃枝量少，在幼树期整形时要尽量少疏枝，但位置不合适，局部过密的枝条要坚决疏掉，强旺的树疏强枝，留中庸枝；衰弱的树疏弱枝，留壮枝。在疏枝时要注意分期分批进行，不可一次疏除过多，当一次必须疏掉 2 个相邻的枝条时，可先疏掉一个，另一个要留橛剪，等伤口愈合后再疏去所留的橛，防止造成对口伤和连口伤而削弱枝条生长势。

春季抹芽、除萌和疏梢也是疏剪，抹芽、除萌就是抹除过多过密的刚刚萌发的嫩芽，疏梢就是疏除过密的新梢，其作用与疏枝大致相同。

4. 回缩

回缩是对多年生枝剪截，一般要在剪口处留一个合适的分枝做带头枝（图 3-8）。回缩可减少树冠枝量，利于通风透光，回缩的

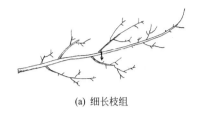

(a) 细长枝组	(b) 下垂枝组

图 3-8　回缩

作用因回缩的部位不同而异：一是复壮作用，二是抑制作用。复壮作用常用在两个方面：一是局部复壮，如回缩结果枝组，多年冗长枝等；二是全树复壮，主要是衰老树回缩更新骨干枝。对外围延长枝回缩可以更新复壮，促进后部分枝的生长，回缩常用于枝组复壮，防止结果部位外移，使结果枝组的营养集中供应。回缩对生长的促进作用，其反应与回缩程度、留枝强弱、留枝角度和伤口大小有关，如回缩留壮枝壮芽，角度小，剪锯口小则促进作用强，多用于骨干枝、结果枝组的培养和更新，是更新复壮的主要方法。回缩的抑制作用主要是控制强旺辅养枝、过旺骨干枝，通过回缩留弱枝、平斜枝带头可缓和生长势，抑制生长，促进成花结果。

晚实核桃背后下垂枝较多，常影响主、侧枝的生长，需要及时回缩加以控制，单轴枝组细长，结果部位外移，容易衰弱，也需要及时回缩。

5. 拉枝

拉枝是用绳子将开张角度小的枝条拉大角度，绳子的一端绑在被拉枝的中上部合适位置，另一端固定在钉于地下的木桩上。木桩要深入地下 30 厘米左右，浅了容易被枝条拉起来。拴在枝条上的绳子不能太靠近枝条梢头，以免把枝条拉弯成"弓"形，正确的拉枝应保持枝条顺直生长，不弯不斜。另一方面绳子在枝条上要缚成活扣，给枝条增粗生长留下空间，以防缢伤枝条，同时拉枝用的绳子要结实牢固，能保证 3 个月以上不风化断开，以抗老化的塑料绳、布条等为佳，被拉枝条较粗时可用铁丝（图 3-9）。

休眠期也可以进行拉枝，但是拉枝的效果不如生长季，在对一

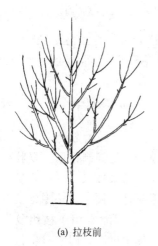
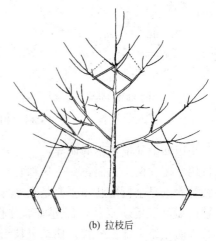

(a) 拉枝前   (b) 拉枝后

图 3-9   拉枝

些从来没有拉过枝的大树修剪时，不管是什么季节都应该积极拉枝，将需要拉的枝条拉开角度。有些已经生长很粗的枝条不能一次拉到位，就先拉开一些，待生长一段时间后再往开拉，拉总比不拉强，不拉则枝条永远是直立的，树冠郁闭，难以成花。拉枝比较费工，不能强求一次把所有的树都拉完，但总是拉一些就少一些，拉了就有效果，甚至可以说不用动剪子，只拉枝就可以让现有的核桃产量提高一半以上，因此必须十分重视拉枝的工作。

　　在地上钉桩太多会影响地面管理操作，因此在拉枝时可以将拉绳固定在树干上，也可以用木棍从上部支撑。拉枝、撑枝用的木桩、木棍最好不用核桃的枝条，以减少病虫害传播的机会。

二、生长期修剪方法

　　生长期使用的修剪方法有刻芽、抹芽、摘心、拧枝、短截、疏枝、回缩、拉枝、环剥等，主要目的是控制新梢旺长，缓和树势，促进成花。

1. 刻芽

　　刻芽是在萌芽之前进行的，严格意义上说属于冬季修剪的内容，但刻芽的目的是为了定向发枝，且刻芽一般在临近萌芽时进行，与枝条的萌发生长有很密切的关系，因此一般认为刻芽属于生长期修剪的方法。

萌芽前对生长健壮的长枝条进行刻芽，能明显提高核桃的萌芽率和成枝力，对增加前期枝量效果明显，特别是对晚实类型的核桃增枝效果显著。刻芽的方法是用刀或钢锯在芽的上方0.5厘米左右用钢锯条锯一下，横割枝条皮层，深达木质部，要求锯口不超过枝条半周，树皮要锯断，尽量少伤及木质部，太深会使枝条折断，一般隔3～5个芽刻一个即可（图3-10）。

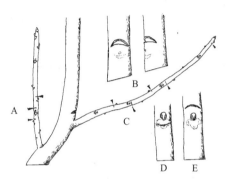

图 3-10　刻芽
A—直立枝刻芽；B—目伤；C—水平枝刻芽；D—芽后刻；E—芽前刻

刻芽的时间不能过早或过晚，春季萌芽前1周左右刻芽最为合适。核桃刻芽与苹果不同，苹果刻芽时背后芽在芽前刻，背上芽在芽后刻，核桃平斜枝刻芽时，背下芽在芽后刻，侧生芽在芽前刻，背上芽不刻或在芽前刻，主要刻枝条后部的芽，枝条顶端的饱满芽可不刻。通过刻芽可使树体营养得以分散，提高萌芽率，减少强旺枝的比例，树势缓和。定干后的中心干刻芽时在需要发枝的部位刻，发枝后培养成主枝。

对一些多年生枝条的光秃部位刻伤时可以刻2道或者"目伤"（图3-10B）。目伤是一种比刻芽刺激较大的方法，在芽前刻成月牙形或半月形的伤口，长度不超过枝条周长的1/3，深、宽约2毫米，目伤可用芽接刀或专门的目伤刀具。现在葡萄、苹果等树上有专门的"抽枝宝"药剂可代替刻芽，促生枝条，在核桃上应用效果如何还需要进一步试验。

2. 抹芽

抹芽是春季萌芽后将多余的芽或位置不合适的嫩芽抹除。抹芽时直接用手将新芽掰掉即可，如果已长成较长的新梢则需用剪刀剪去（疏梢），防止将枝皮拉伤。相对于疏枝，抹芽的伤口小，对树体的损伤小，且抹芽时浪费的养分少，可将节约下来的养分供应其他枝条生长。

抹芽应在萌芽后及早进行，但是在芽刚萌动时不容易判断芽的生长势，所以在整形带内不抹芽，而是等新梢长到 20～30 厘米，能区分是壮条还是弱条时进行，结合位置、方向等因素去掉弱枝，留下壮枝，将来培养中心干或主枝，这个过程称为定梢。如果是在整形带以下的芽，则可尽早抹除，以节约养分。也有人认为整形带以下的芽不必抹除，留下来生长叶片有利于主干增粗，待冬季修剪时再剪掉。

3. 摘心

生长季节将新梢顶端的幼嫩部分摘除，称为摘心（图 3-11）。摘心可抑制新梢生长，促进萌发分枝，利于花芽形成和提高坐果率。第一次摘心在 5 月底到 6 月上旬之间，待新梢长到 60～80 厘米左右进行，只摘掉枝条的嫩尖。摘心后的枝条长出新的二次枝

图 3-11　摘心及其修剪反应

后，8月底将新长的二次枝进行第二次摘心。摘心要注意对当年生的长枝都要摘，对中短枝不摘。在9月中旬对2～4年生幼树上没有停止生长的新梢全部摘心能够促进枝条充实，在北方地区有利于过冬防寒，减少抽条，使其安全越冬。

对于树冠内部的长枝、直立旺枝和徒长枝，有空间时应及时摘心，控制长度，促进分枝，以培养成结果枝组。

4. 拧枝

核桃新梢的髓心较大，不宜采用扭梢的方法，常用拧枝的方法。拧枝时左手捏紧枝条基部，右手握住核桃枝条，相距20～30厘米，绕枝轴转一下，使枝条拧到伤筋动骨，在1～3年生枝上进行，可缓和树势，促进花芽形成（图3-12）。短的

图3-12　拧枝

枝条拧1次，长的枝条从基部开始，每隔20～30厘米拧一次。如果枝条较硬，拧不动时可把被拧的枝条稍弯曲成横向时即可拧转，通过拧枝可以开张枝条生长角度，使木质部受到一定的损伤，枝条运输能力下降，生长势变弱，容易形成花芽。处理时间以5月底到6月初为佳，主要处理对象是背上枝、背下枝等生长旺盛的枝条，背上直立的新梢拧枝后可当年形成花芽，第2年开花结果。拧枝也称为转枝，拧枝时要小心，将木质部拧伤变软即可，不能拧断了。

5. 短截

生长季短截能增加幼树期枝量，最佳时间在5月底到6月上旬，选择外围生长旺盛的营养枝，剪除枝条长度的1/3，一般情况下可萌发2～4个分枝，剪截过轻和过重的只能萌发1～2个枝条。短截过早出枝较少，短截过晚新条生长不充实不利于成花和安全越冬。注意在旺树和旺枝上短截，弱树和弱枝不短截。

6. 疏枝

通过春季抹芽定梢后夏季疏枝的量并不大，夏季疏枝对树体有较强的削弱作用，所以一般在夏季修剪时不用或尽量少用疏枝的方法。但是对于旺长郁闭的树要适当疏枝，以解决通风透光的问题。疏枝的对象主要是密挤枝和位置不合适的枝条，只疏除1～2年生枝条，不疏大枝。疏除大枝的时间尽量放在冬季修剪时，或者在秋季采果后疏除，一次疏枝的量不能过多，防止过度削弱树势。

7. 回缩

当主枝、枝组衰弱时需要回缩更新复壮，主要是针对枝轴延伸过长、过度下垂、后部光秃的枝组，通过回缩后可缩短枝轴，解决枝组下垂，促发后部更新枝，培养紧凑的结果枝组。夏季回缩时一般只回缩细弱枝、下垂过长枝，回缩量应小。

8. 拉枝

拉枝能改变枝条生长方向，开张角度，使直立枝平斜生长，缓和生长势，合理利用空间。对于因枝条角度不开张而导致的树冠郁闭问题要想办法拉枝开张角度，生产中树冠郁闭大都是由于枝条角度不开张造成的，枝条拉开后甚至会显得树冠太空，枝条不够用。

在生长季对骨干枝及时开张角度，能够缓和树势促进成花坐果，小冠疏层形骨干枝的角度以70°～80°之间为好；主干形或纺锤形骨干枝的角度应在80°～90°。

拉枝开角能够抑制枝条旺长，增加萌芽率，改变顶端优势，防止后部光秃，还可以合理利用空间，是幼树期多结果的重要修剪方法。而且枝条1～2年生的时候比较细，容易拉枝，多年生粗枝拉枝较难操作，所以拉枝一定及早进行。

拉枝的最佳时间是在7月底至8月初，生产中要在这个时间集中精力拉枝，开张枝条角度。拉枝所用的材料要结实耐用，一般需要经过3个月的生长，枝条的生长方向才能固定，不结实的拉枝材料很快断掉，被拉枝条又回到原来的位置，起不到拉枝的作用。

9. 环剥

花后环剥可提高坐果率，对促进核桃树的当年生枝条形成腋花芽效果明显，对生长旺盛的核桃树可以环剥，弱树不能环剥。环剥方法是用刀子在核桃树的主干上剥下宽度相当于其直径1/10的一圈树皮，然后用报纸条将剥口裹起来。核桃环剥后伤口不易愈合，注意留下2～3厘米的营养通道不剥皮，为了保险起见，可只环割而不剥皮。在泡核桃上有用划破树皮促进坐果的方法，可以在普通核桃上试用（图3-13）。

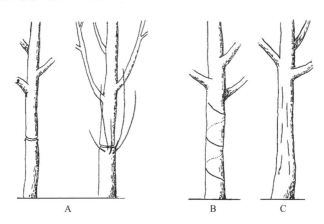

图 3-13　环剥与划皮
A—环剥；B—螺旋状划皮；C—竖状划皮

三、结果枝组的修剪

核桃结果枝组是由结果的枝条组成的单位，生长在中心干、主枝、侧枝等各级骨干枝上。根据结果枝组中枝轴的多少可分为单轴结果枝组和多轴结果枝组，或者划分为小型结果枝组、中型结果枝组和大型结果枝组，在修剪时要特别注意结果枝组的培养与更新。大型枝组占据1米左右，中型枝组占据0.6米左右，小型枝组占据0.3～0.4米的间距。

有计划地培养强壮的结果枝组，增加结果面积，是保证核桃丰产的重要措施。结果枝组的培养方法有以下几种：一是着生在骨干枝上的大中型分枝，经回缩后改造成大、中型结果枝组；二是利用有分枝的强壮发育枝，采取去强留壮，去直留平的修剪方法，培养成中小型结果枝组；三是利用部分长势中庸枝条缓放后培养成结果枝组等（图3-14）。有目的地在内膛选留健壮枝条或者是徒长枝，待其发生分枝时将其回缩。促使枝条更加强壮，促生更多的分枝，扩大结果面积，且使结果枝组均匀分布在树冠上。由于核桃树的叶子比较大，遮光严重，大、中型枝组枝轴间应保持 60～100 厘米的距离，枝组间互不遮阴，以利于接受光照。

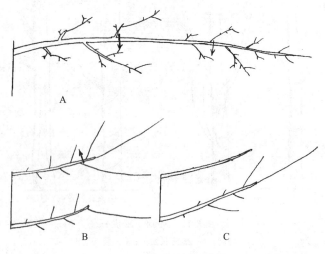

图 3-14　结果枝组的修剪

A—回缩改造；B—去强留弱；C—中庸枝缓放

为防止结果部位外移，应不断更新枝组。多数的结果枝组用壮枝带头继续发展，空间较小的可以去直留斜，缩剪到向侧面生长的分枝上，引向两侧生长，缓和生长势。背上枝组可重回缩促其斜生，压低为小枝组。长势弱的枝组，下垂的枝组，要去弱留强，去老留新，抬高枝角，使其复壮（图3-15）。对有碍主、侧枝生长，影响通风透光的枝组进行回缩避让，过密的可以疏除。大型枝组水平延伸过长、后部出现光秃时，应回缩短截到 3～4 年生的中庸健壮分枝处。

结果枝组连续数年结果后，长势逐渐衰弱或因逐年向前延伸，使枝组基部光秃，故必须进行回缩复壮。对小型结果枝组，应去弱

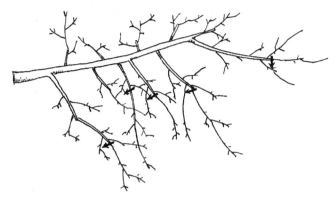

图 3-15　下垂枝组回缩

留强，使之不断扩大营养面积，当枝条丰满时去强枝留中庸枝，促使形成较多的粗壮结果母枝，以提高结果能力；对密挤细弱枝条，应进行疏间，减少养分消耗，改善通风透光条件，促进由弱转壮，形成结果母枝。

四、不同类型枝条的修剪

核桃树冠内的枝条类型多种多样，而修剪的过程就是对各类枝条采取剪截、取舍、改变方向等措施的过程，在修剪的时候要掌握基本的原则，区分各类枝条，采取相应的修剪措施。

1. 营养枝的修剪

营养枝的修剪多以长放或轻剪为宜，还需要对直立枝条进行拉枝或拧枝等处理，目的是缓和生长势，增加分枝数量，促进花芽形成。对于树冠内的健壮发育枝，可用去直留斜、先放后缩的办法培养成中、小型枝组。生长势较弱枝组应去弱留壮、去老留新，进行更新复壮。

短截营养枝时，短截数量以总枝量的 1/3 左右为宜，以中轻度短截为好，促进分枝。切忌枝枝都剪，刺激枝条旺长。

2. 徒长枝的修剪

内膛萌生的徒长枝，生长势强，处理不及时会扰乱树形，甚至形成树上长树，影响光照，消耗养分。若处理及时，控制得当，可利用徒长枝培养结果枝组，充实内膛，补充空间，增加结果部位。衰老树上还可利用徒长枝培养成结果母枝，更换主、侧枝，使老树更新复壮。

徒长枝在生长旺盛的成年树和衰老树上发生较多，年生长量大，大量发生时常常扰乱树形，对于位置合适的可通过摘心、短截等方法培养成结果枝组，对扰乱树形的徒长枝应及早疏除。

对于树冠内膛枝条量足够的，可在初萌生时将徒长枝从基部剪去。内膛空虚部分的徒长枝，可依着生位置和长势强弱，在枝长1/3～1/2的饱满芽处短截，2～3年即可形成结果枝组，增补空隙，扩大结果范围，达到立体结果的目的。

早实核桃徒长枝较多，基部潜伏芽萌发后长成徒长枝，第二年就能抽生结果枝，最多可达30余个，果枝长势由顶部向基部逐渐减弱，枝条变短，最短的都看不到枝条，只能看到雌花，生长很弱。所以早实类型核桃树上的徒长枝可以很容易地培养成结果枝组而加以利用，在修剪时以开张角度为主，尽量不直接疏除。

3. 二次枝的修剪

二次枝是早实核桃结果的同时又抽生的枝条，二次枝就是果台副梢，健壮的二次枝可以形成花芽连续结果。生长旺盛的二次枝需要在夏季摘心或者从基部疏除。对于只长1个二次枝的，可夏季摘心或短截，促其木质化，2个二次枝的要疏掉一个，摘心1个，结果枝上发生的多个二次枝要留壮除弱，从基部疏除一部分（图3-16）。

4. 过密枝的修剪

早实类核桃枝量大，树冠内膛枝过密，易造成通风透光条件恶化，应本着去强去弱留中庸的原则及时疏除过密枝。过密枝疏除时应分批分次剪除，避免一次剪除伤口过多，如果能在萌芽阶段就抹芽控制，效果更好。

5. 结果母枝的修剪

核桃结果母枝的顶芽是混合花芽，一般不可短截，特别是晚实

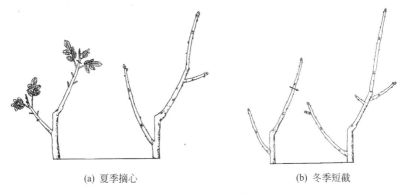

(a) 夏季摘心   (b) 冬季短截

图 3-16　二次枝的修剪

类型核桃腋花芽少，剪掉结果母枝顶端也就将花芽都剪掉了，所以一般只疏去密生的细弱枝、枯枝、病虫枝、重叠枝，使其通风透光，保留充实健壮的结果母枝。早实类型核桃结果母枝的腋花芽较多，当结果母枝较长时适当短截，可以缩短枝轴，还有疏花的效果。

6. 延长枝的修剪

树冠外围主枝抽生的 1 年生延长枝，当需要扩大树冠和增加分枝时可在顶芽下 2～3 芽处进行短截，如顶部芽不充实，可在枝条中部找饱满芽处剪截，以扩大树冠和增加结果部位。当树冠扩大到目标大小时就不再短截延长枝，而是要缓放让其成花结果。当树冠过大，造成株间甚至行间密挤时还要回缩延长枝。

7. 背后枝的修剪

核桃的背后枝与其他果树不同，核桃背后枝的吸水能力强，比背上枝长势旺，竞争力强，开张角度也比较大，并且还逐年开张，几年后会形成下垂的"狼尾巴"枝，任其生长时往往超过原头，形成"倒拉枝"现象，影响主枝的正常生长，造成前部旺长，后部光秃的现象，不仅起不到骨干枝的作用，还有可能会把主干枝拉垮，使原枝头变弱甚至枯死，这是核桃不同于其他果树的一个重要特性，也是核桃修剪中应该特别注意的一个重要现象。因此背后枝一般都会作为处理的对象，疏除或控制生长，选留侧枝时也不用背后枝。

背后枝的修剪要根据其生长势情况区别对待，如果背后枝与原头长势相似，则应及早疏除背后枝［图 3-17(a)］。如果背后枝粗度、生长势已超过原头，而且角度合适，可以用背后枝换头［图 3-17(b)］；如果背后枝长势中庸或弱，并已形成花芽，可保留结果，还可在分枝处回缩，培养成小型结果枝组［图 3-17(c)］。有的技术员对背后枝一律疏除的做法是不合理的。

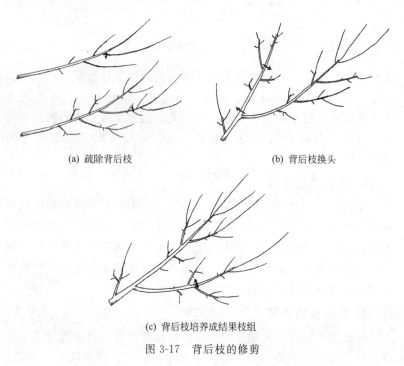

(a) 疏除背后枝   (b) 背后枝换头

(c) 背后枝培养成结果枝组

图 3-17　背后枝的修剪

五、化学促控

植物生长调节剂可以抑制核桃的生长，延缓生长势，控制树体旺长，常用的是多效唑和 PBO。对生长旺盛的核桃树，从 7 月下旬开始，叶面喷布 $0.33\%\sim0.5\%$ 的 15% 多效唑或 PBO 等生长抑制剂 2～3 次，使枝条充实健壮，防止徒长，促进形成花芽。或在萌芽前土施多效唑，根据主干直径粗度，每厘米不超过 1 克即可，土施多效唑最好是 3 年生以上的核桃树。

六、伤口保护

核桃修剪过程中常常造成伤口，这些伤口一方面散失大量的水分，另一方面是病菌入侵的通道，在冬季修剪时还从伤口流出"伤流液"，另外腐烂病、枝干害虫、大风刮折等也会造成树体伤口，过多的伤口会导致树体衰弱。因此在修剪的同时，尽量减少伤口、加强伤口保护是十分必要的。

首先要多动手，少动剪。多用拉枝、抹芽、摘心等方式控制生长势，尽量少剪枝，少锯枝。其次新造成的大伤口用愈合剂涂抹 1～2 次。小的剪口可以不涂，大的伤口一定要涂，加快伤口愈合。三是留保护桩，一般剪口距芽要留约 1 厘米保护桩，防止因髓部失水影响剪口芽的生长。冬剪要长，夏剪宜短。锯大枝将形成对口伤时先锯除一个，另一个留保护桩锯除，等先锯除的伤口愈合后再锯除保护桩。保护桩一般可留 20～30 厘米长，枝粗长留，枝细短留，保护桩的伤口也要涂抹愈合剂。

七、修剪注意事项

1. 树形选择的问题

核桃生产中的树形种类并不多，新栽密植核桃园应优先选用有中心干的树形，尽量不用开心形。有的地方在培养树形时不注重拉枝、不注意主枝的选留，导致主枝生长直立，"下强上弱"，中心干生长弱，无法带头，就简单地将中心干剪掉，从而把有中心干的树形改成开心树形，这种方法是不可取的。

树形选择时除考虑品种、栽培地的生态环境、管理水平等因素外，必须考虑核桃园的株行距。株行距大时选用疏散分层形、小冠疏层形等树冠比较大的树形，株行距小时选择自由纺锤形、开心形等树冠比较小的树形，且注意树冠的高度和大小，一方面树冠过高影响光照，树冠过大影响行间操作和通风，另一方面树冠过低、过小会浪费土地、浪费光热资源，产量降低。

生产中的核桃树很多都是放任生长的，基本上是自然树形，不属于优质丰产树形，对这部分树要进行适当修剪，改造成结构合理的丰产树形。

2. 定干的问题

（1）干高 树干高低对生长结果、栽培管理、间作物管理等影响很大，核桃树整形修剪时存在定干过高或过低的问题，几十年生的大树主干太高，而新栽小树往往主干太低。以往主干高的原因主要是这些树是"林粮间作"或者孤植树，种植在地塄边，要保证间作物的生长。而现在新建的核桃园，往往是以核桃为主的密植园，大多数的品种是早实类型，结果早，最容易出现主干过低的问题。

高干的特点是根、冠间距大，树冠体积小，无效消耗增多，生长势比较缓和，容易上部生长强，便于树下地面管理，主干过高增加树上管理难度，但下部通透性好。矮干的特点是树冠体积大，生长势较强，易下强，便于树冠管理，不利于地下管理，结果后枝条易下垂拖地，通风不良。核桃的主干定多高合适，需要具体分析。

第一，考虑栽植密度及整形方式：稀植大冠干宜高，矮化密植干宜矮，疏散分层树形干宜矮，纺锤树形干宜高。

第二，考虑主枝角度：主枝角度大，干宜高；主枝角度小，干宜矮。

第三，考虑气候条件：高纬度，干宜矮；低纬度，干可高。

第四，考虑立地条件：山地、丘陵地、贫瘠土壤、高海拔干宜矮；平地、低洼地、肥沃土壤、低海拔干宜高。

另外需要进行林粮间作时干宜高，考虑将来用材时干宜高。

主干高度依据栽植方式而确定。行道树、农林间作、防护林副林带及房前屋后散种的核桃，主干高 1.2～2.0 米，成片栽植的核桃主干高 0.6～1.0 米；平地密植栽培时早实品种主干高 0.4～0.7 米，晚实品种主干高 1.2～2 米；山地栽培时早实核桃干高 0.5～1.2 米，晚实核桃主干高 1～1.2 米（图 3-18）。

"干高"与"定干高度"是两个不同的概念，干高指的是树形结构指标中主干的高度，而定干高度是"干高＋整形带"的高度，整形带常用的是 20 厘米。

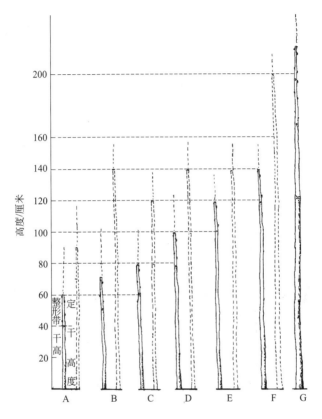

图 3-18　核桃干高与定干高度

A—平地早实；B—山地早实；C—成片栽植；D—防护林；

E—山地晚实；F—平地晚实；G—行道树

（2）整形带的问题　习惯的整形带剪留长度为 20 厘米，其实这并不是一个合适的长度，按照这个长度去留，选留主枝时容易出问题。定干的目的之一是选留主枝，按照 20 厘米的整形带选留，到第二年春季修剪时只能留 2 个主枝，而生产中大多数会留 3 个主枝，甚至有留 4 个主枝的，这个留法不符合主枝间距

20厘米的要求，且不注意夏季修剪时第一年发的枝条常形成轮生现象，往往造成主枝间距过近、掐脖、第一层主枝生长过旺等一系列问题。同样以60厘米作为干高（图3-19的 a 点），改进的方案有两个：一种方案是留20厘米的整形带，发芽后留3个枝条，1个做中心干，2个做主枝，主枝间距离20厘米（图3-19的 b 点）；另一种方案是留40厘米的整形带，通过刻芽，选留4个枝条，最上面的1个枝条做中心干，下面的3个枝条做主枝，主枝间距离20厘米（图3-19的 c 点），这种方法可在早实核桃品种上试验后推广应用。

当苗木比较粗壮，计划做纺锤形整枝时，整形带可以留得长一些，通过刻芽、抹芽后可选留3～5个主枝。

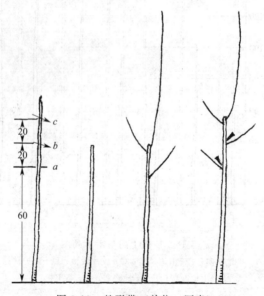

图3-19 整形带（单位：厘米）

（3）定干方法 春季是定干的关键时期，对当年新栽幼树、前一年秋季栽植的树，以及以前栽植的不够定干高度而留下来的，抽条死亡后在嫁接口以上又重新萌发的核桃树都要进行定干，如果是在嫁接口以下萌发的则需要重新嫁接。

常用的定干方法是在栽植前或栽植后按照所需的剪留高度对苗木进行短截，找一节粗细合适的竹竿或细棍，用米尺量好所需要的尺寸，再用这根棍子去衡量苗木的高度，进行剪截。一般的定干方法定干较高，常为 80 厘米左右（图 3-19、图 3-20 的 b 点），地上部留芽较多，而苗木栽植后根系的吸收能力还没有恢复，第一年往往表现发枝较少，枝条长势弱，生长缓慢等问题，因此建议采用改良定干法。

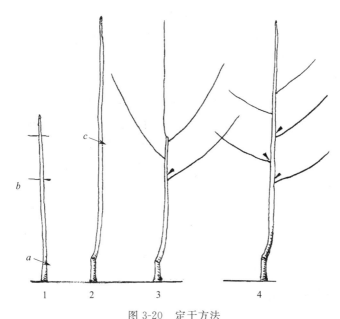

图 3-20　定干方法
1—第一年中截干；2—第二年定干；3—第三年；4—第四年

改良定干法是栽植后第一年重短截，第二年再定干。核桃定植后的第一年主要是恢复根系生长，枝条生长比较缓慢，留 10～20 厘米重截干（图 3-20 的 a 点），萌芽后 10 天左右留一个壮条，其余的芽抹除，长至比定干高度高 20～30 厘米时摘心，促进枝条充实，芽体饱满。第二年春季按树形培养要求定干（图 3-20 的 c 点），培养主枝，在"干高＋整形带长度"处短截定干，干高以下的芽在萌芽后抹除，在整形带内合适位置刻芽定向发枝，留做主枝，其余的芽也要抹除。

3. 中心干直立

生产中新栽幼树中心干歪斜的现象很多，导致后期树形偏头、偏冠，树冠不圆满，主要原因是幼树生长量大，一年生枝长度超过1米，核桃叶片大、枝叶较重，受风吹雨打的影响，引起中心干歪斜，有时中心干受病虫害或机械损伤，生长势衰弱，甚至死掉，这些都造成中心干不能顺直生长，影响整形修剪。合适的做法是在夏季修剪时采取立杆绑缚、拉枝等措施维持中心干直立生长，当中心干受到损伤时及时换头更新，必须保证有一个直立而且强有力的中心干。

4. "掐脖"的问题

现在核桃种植量大，往往不注重夏季修剪，特别是萌芽后不注意抹芽定梢，导致在中心干上很短的距离内着生了较多的枝条，在冬季修剪时又舍不得将枝条去掉，这些枝条越长越粗，最后形成"掐脖"现象，对中心干的抑制作用很强，中心干长不起来，所以有的修剪者会把中心干抠掉，培养成开心树形。在生产中，笔者曾观察到12个枝条轮生在不到10厘米的范围内，让人难以下剪。在培养有中心干的树形时要特别注意主枝在中心干上着生的距离，一般要求间隔20厘米左右留一个主枝，主枝开张角度大的，距离可小些，主枝开张角度小的，距离要大些。

5. 拉枝的重要性

核桃耐修剪，不修剪也能结果的思想影响很大，特别是许多人认为核桃背下枝生长旺，容易形成倒拉枝，结果后能够开张角度，核桃修剪时只动剪子不动绳子的很多，枝条角度不开张，或者开张角度不到位，期望于结果以后自然下垂，有的书上也这样介绍，实际上并非如此。我们观察过许多的核桃树，原先直立生长的枝条并没有出现结果后角度开张下垂的情况，反而长势很旺，形成抱头生长的现象，导致树冠内枝条密挤、杂乱。只有角度原本就比较开张的一些枝条才可能在结果后下垂，这部分枝条下垂的主要原因是枝条生长过长，分枝多集中于枝条前端，且原来的分枝角度就比较大，这些枝条的生长势一般比较偏弱，容易成花结果。

核桃要想丰产，必须整好树形；要想整好树形，必须拉枝。现代核桃修剪拉枝是主要的工作，虽然比较费工，但效果也很突出，如果在枝条比较细的时候不拉枝，等枝条长粗了以后想开张角度时费的功夫就不是这一点点了，而且效果也不好，不拉枝、只动剪子是剪不好树的，所以我们现在要强调"不动绳子不剪树"，要让拉枝成为核桃修剪中的常用方法。

6. "留橛" 的问题

在秋季、冬季修剪时，许多修剪者为了防止剪口芽"抽干"，常常"留橛"修剪，疏枝时也喜欢"留橛"，特别是疏内膛大枝时喜欢"留橛"用作上树时的脚蹬子，这种做法是错误的。修剪时留下的"橛"上面没有生长点，会很快干枯死亡，成为病虫害入侵的伤口，因此冬季修剪留下的"橛"必须在夏季修剪时剪掉，再涂抹愈合剂，促进伤口愈合，最好疏枝时不要留橛。

7. 修剪习惯

在修剪时要养成良好的修剪习惯，一是剪口的平斜有度，不能过斜或过平（图 3-21）；二是剪口距离剪口芽的距离约 1 厘米，不

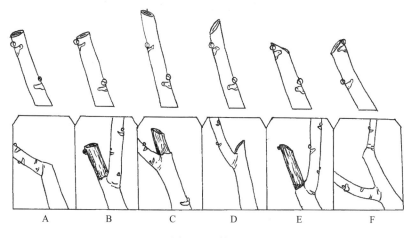

图 3-21　剪口

A—正确剪口；B，C，D，E，F—错误剪口

能过高或过低；三是剪口要平滑，不能有毛茬或撕皮现象；四是疏枝要留平茬，不能留橛或伤口过大；五是较粗的枝条要用锯子，不能强行用剪刀剪，锯口要平整，防止劈裂枝条或损坏枝条，锯口涂愈合剂（图3-22）。修剪习惯的养成不是一日之功，在学习修剪之初就要按规矩来，一旦养成不良的习惯，以后很难纠正。

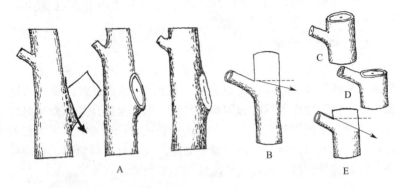

图 3-22　锯口

A，B—正确锯口；C，D，E—错误锯口

修剪下来的废枝条该如何处理？这是很头疼的问题，病枝一定要拉出地头，烧毁或深埋。修剪下来的细小枝条可以收集起来，深翻时翻入土中让其腐烂，大的枝条需要拉出去粉碎堆沤成肥，或者用作其他用途，如种植蘑菇、木耳等，或烧火做饭等，总之不能让枝条随意扔在地里，一方面会影响耕作，另一方面还传染病虫害。

第三节　常见树形及培养方法

核桃适宜的树形有自由纺锤形、开心形、疏散分层形、小冠疏层形等，生产中晚实核桃多采用疏散分层形或小冠疏层形，早实核桃多采用自由纺锤形和开心形，具体采用哪种树形，需要根据株行距、管理水平等来决定。

一、树体的基本结构

核桃树体结构可分个体结构和群体结构，群体结构是由个体结构组成的，所以在修剪时要考虑好个体的情况，每个单株的结构都要一致，达到最佳的要求。这里只讲树体的骨干枝结构，骨干枝是指较粗大的枝条，包括主干、中心干、主枝、侧枝等，骨干枝是构建树体结构的主要枝条（图3-23）。

主干是指地面根颈处开始向上至第一主枝间的树干，对于有中心干的树形，主干从第一主枝开始向上延伸的部分称为中心干，主枝是在中心干上着生的永久性大枝，侧枝着生在主枝上，结果枝组着生在中心干、主枝和侧枝上。中心干又称中央领导干，是主干的延伸，中心干要保持直立，各级骨干枝的从属关系要明确。

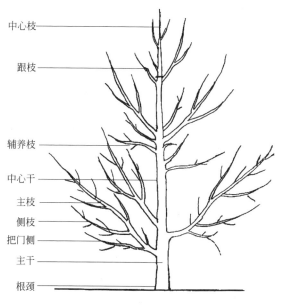

图3-23　树体的基本结构

在树形培养过程中要重点考虑骨干枝的着生位置、角度、长度、粗度等指标，树体结构各组成部分的大小、形状、间隔等，都会影响个体和群体的光能利用和生产效率，因此分析树体结构对指导整形修剪非常重要。

1. 主干

主干是地面至第一个主枝之间的树干部分，是根系吸收的养分、水分向树冠输送的唯一通道，也是整个树冠的唯一支撑。核桃的干高对树体影响很大，也是众多修剪者一直在争论的焦点，高干和低干对树体生长有不同的影响。一般要求主干垂直于地面，干体粗大健壮，能够支持整个树冠，能经受风吹雨打不动摇。

2. 树冠

树冠是主干以上所有枝叶的总和，树冠体积主要由冠高、冠径决定。树高冠大的树形可充分利用空间，立体结果，经济寿命长，适应性、抗性较强，但成形耗时长，早期光能和土地利用率低，结果晚，早期产量低，树冠形成后分枝级次多，枝干多，运输距离大，无效消耗多，管理不便，同时无效空间增大。小冠树形可克服大冠树形的缺点，现在生产中的老核桃树多是大冠树形，而新栽小树多希望培养成小冠树形。

理想的树冠高度一般为行距的 70%～80%，当行距为 6 米时，冠高控制在 4.2～4.8 米之间。冠径在行内应等于或略小于株距，即保证相邻的 2 棵树的最宽处相交接而不交叉，在行间要留下 2 米宽的作业道，以方便机械操作。树冠过小浪费土地及光热资源，树冠过大相互遮光挡风，通风透光不良，容易引起病虫害的发生和结果不良。

3. 中心干

中心干又称中央领导干，中心干的有无与品种及树形有关。

有中心干的树形，主枝和中心干结合牢固，主枝在中心干上可上下分层或错落排布，保持明显主从关系，有利于立体结果和提高光能利用率。中心干高的大冠树形，易出现上强下弱，下部通风透光不良，影响产量和品质，因此应采取分层形，或延迟开心形，改善光照条件。中心干有直线延伸和弯曲延伸两种类型，用于平衡上下生长势。疏散分层形、纺锤形等都是有中心干的树形，而开心形是无中心干的树形，主要用于干性较弱的品种，开心形树冠中部无大枝，容易培养，光照条件较好，但树体负载能力不如有中心干的树形。

4. 骨干枝

骨干枝构成树冠的骨架，担负着树冠扩大，水分、养分运输和负载果实的任务。骨干枝为非生产性枝条，因此在能占满空间的条件下，骨干枝越少越好，级次越低越好，一般中大型树冠，骨干枝多些，分枝级次高些，如疏散分层形主枝5～7个，侧枝13～15个，骨干枝分为3级。小型树冠骨干枝少些，如自由纺锤形，小主枝8～12个，无侧枝，骨干枝分为2级。成枝力弱的品种骨干枝宜多些，以占满空间为度，否则宜少些。幼树期宜多些，成树宜少些。

另外，骨干枝角度直接影响树冠内光线分布，生长强弱影响骨架的坚固性、结果早晚、产量高低、品质好坏，是整形的关键环节之一。角度过小则生长过旺，树冠郁闭，光照不良，树体生长势不稳定，成花难，产量低，无效区大，易造成内膛光秃，结果表面化。角度过大，树冠开张，冠内光线好，但生长优势转为背下，先端易衰老。生产中常依靠角度调整树冠大小，平衡生长势。

树形培养的过程就是骨干枝培养的过程，骨干枝培养好后树形的整体轮廓也就出来了，衡量树体结构的好坏主要指标是所培养的树形与目标树形的差距大小，差距小说明树形培养比较成功，如果所培养的树形与目标树形差距太大，结构不合理，则无法满足核桃生长结果的要求，需要进行树形改造。树形培养的同时要在合适位置培养结果枝组，结果枝组主要着生在中心干、主枝、侧枝等结构性枝上。

在树体结构中，枝条的性质、着生位置和着生方式的不同，形成了具有不同形态、不同功能的枝条，因此枝条的名称很多（图3-24），识别这些枝条是进行核桃整形修剪的基础。

二、树冠的群体结构

稀植核桃园要充分考虑个体的发展，让其尽快扩大树冠，占满

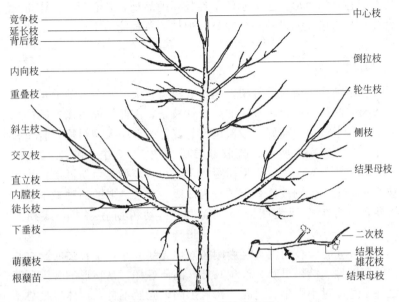

图 3-24 树冠内的枝条类型

空间，骨干枝结构要合理，层次分明，树势均衡。密植核桃园要考虑群体结构，单株的结构要尽量简单，树冠要小，防止郁闭，在注意培养个体树形的同时更注重群体结构的培养，一个核桃园的群体结构要好，基本要求是南北成行，大行距、小株距。一般核桃园每亩有中长枝 5500 个以上，短枝 9500 个以上，总枝量 1.5 万个左右，短枝占 60% 左右；叶面积系数保持在 4 左右；树冠各部位叶片所接受的相对光照强度大于 30%。密植园中枝条株间不能交叉，行间要有 2 米宽的作业道，能通行机械，行内形成波浪式的连续叶幕。

三、自由纺锤形及其培养过程

1. 树形结构特征

自由纺锤形干高 0.6～1.0 米，树高 3.0～4.0 米，主枝 10～15 个，开张角度 80°～90°，主枝在中心干上螺旋排列，间距 20 厘米左右，同一方向的主枝上下相距 1 米以上。冠径 2～4 米，下层枝大于上层枝，树冠下大上小，像纺锤一样。树冠整齐一致，主枝平展，通风透光条件良好。

2. 适宜的株行距

纺锤形适宜的株行距为 3 米×5 米，密植的 2 米×4 米，稀植的 4 米×6 米都可以采用纺锤形的树形。株行距的大小决定了树体的大小，一定要相互配合，株行距大的选用大冠树形，株行距小的选用小冠树形。

3. 树形培养过程

以培养冠径 2 米，干高 0.6 米的纺锤形为例（图 3-25）。

第一年，当年定植或前一年秋季栽植的苗木在萌芽前重截主干，剪留 10～20 厘米，发芽后及时抹芽除萌，留一个长势最壮的枝条，8 月底后长到 1.2 米时摘心控长，促进枝条充实。

第二年，萌芽前在 1 米处定干，萌芽后在主干高度以上的整形带（40 厘米）内选留方位、距离合适的枝条做中心干延长枝和主枝，剪口下的第一个枝条直立生长，作为中心干延长枝培养，选留 3 个主枝，间距 20 厘米，将其余的枝条疏除，7 月下旬后主枝长度达到 1 米的可以拉枝，开张角度至 90°，控制枝条旺长，长度不够 1 米的暂时不拉。如果配合刻芽定向发枝技术，效果会更好。

第三年，萌芽前中心干延长枝短截，留 70～80 厘米，选择培养 3～4 个枝条做主枝。对前一年长度达到 1 米的主枝甩放不剪，通过刻芽促发分枝，培养结果枝组；长度不够 1 米的枝条基部留 2～3 个芽重短截，发芽后留一个枝条培养主枝。生长季节要注意及时疏除剪口的萌蘖和多余枝条，主枝上的枝条通过拿枝、拧梢等方式控制生长，促进成花。7～8 月对长度达到 1 米的主枝拉枝开张角度，控制新梢的后期旺长。

第四年，继续短截中心干延长枝，继续培养 3～4 主枝，在已经培养好的主枝上培养结果枝组，在第二年选留的主枝上，可适当留果，以果控冠。

第五年、第六年的修剪基本同第四年，经过 5～6 年的培养树形基本形成。

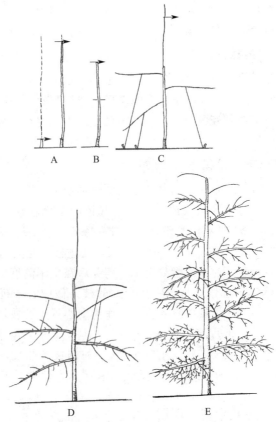

图 3-25　自由纺锤形的培养过程

A—第一年重截干及摘心；B—第二年定干；C—第二年选留 3 个主枝；

D—第三年选留主枝；E—目标树形

　　如果株距大于 2 米，行距大于 4 米时，核桃的树冠也要相应地变大，培养自由纺锤形时要对主枝进行短截，使其适当延长，并且主枝角度保持在 80°左右为宜。

　　培养核桃纺锤形树形时要注意以下几点。

　　（1）首先要培养一个健壮的中心干，干强枝弱，干弱枝强，中心干不强壮，骨干枝易返旺，导致树形难以培养和维持。中心干的粗度是主枝粗度的 2～5 倍。

（2）核桃长势较旺，干性中庸，易抱头生长，培养纺锤形开张角度是关键。骨干枝角度一定要拉开，并根据纺锤的粗细，来调整骨干枝的基部角度（骨干枝和中心干的夹角），纺锤越细，夹角越大。主枝开张角度大，生长就缓和，才能保持中心干粗壮。

（3）必须有效控制骨干枝的腰角和梢角，防止骨干枝返旺。

（4）纺锤形的培养是夏季剪为主，冬季修剪为辅，重点工作是拉枝开角。

（5）根据立地条件管理水平和树势状况，配合使用多效唑调控树势。

四、开心形及其培养过程

1. 树形结构特征

开心形无中心干，树高 3～5 米，冠径 2～4 米，干高 0.6～1.0 米，主枝 3 个（也有 4～5 个的），角度自然开张，50°左右，主枝间水平夹角为 120°。每主枝选留 2～3 个侧枝，同一级侧枝要同向配置，第一侧枝距离基部 0.8～1.0 米，以后侧枝间的距离，依次为 0.5～0.8 米和 1.0 米左右，在主枝和侧枝上培养结果枝组，使其充分利用空间，尽快成形。

开心形的特点是没有中心干，成形快，结果早，整形容易，光照好，便于掌握。适用于土层较薄，土质较差，肥水条件不良的地区，适合用于树姿开张的早实类型品种。

2. 适宜的株行距

株距 2～4 米，行距 4～6 米的核桃树均可以用开心形，注意控制树高在行距的 70%～80%之间即可。

3. 树形培养过程

以培养干高 0.6 米，冠径 4 米，有 3 个主枝的开心形为例（图3-26）。

第一年定干高度为 0.8 米，然后选留 3 个方位合适的枝条做主枝，不需要考虑主枝在中心干上的着生距离，7 月底至 8 月初适当拉枝，开张角度为 50°左右，弱枝角度稍小，强枝角度稍大，调节

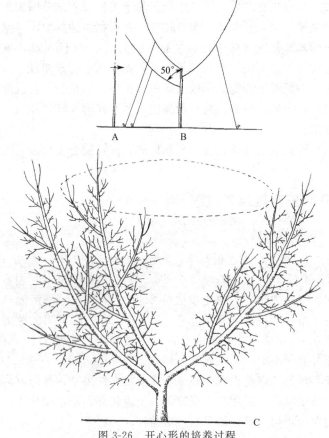

图 3-26 开心形的培养过程

A—第一年定干；B—第二年选留主枝；C—目标树形

枝条生长势，同时调整枝条间水平夹角为120°。

第二年萌芽前3主枝各剪留80～100厘米，弱枝剪得重一些，留壮芽；强枝剪得轻一些，留弱芽，保持主枝间平衡发展。从距主枝基部20～30厘米开始，每隔20～30厘米刻一个芽，主枝前端1/3左右不用刻，对于背上萌发的新梢，长度达到30～40厘米时留10～15厘米短截，以促发短枝，培养结果枝组。两侧的新梢生长中庸的不摘心，过旺的进行摘心，距离基部0.8～1.0米处选留1个侧枝，注意侧枝不能选背下枝。

第三年各主枝延长头剪留 70～80 厘米，由下至上每间隔 20～30 厘米插空刻 1 个侧生的芽，在距离第一侧枝 0.5～0.8 米处的对侧选留第二侧枝。对第二年留下的侧枝轻短截，促发分枝，留做枝组的枝条不短截，甩放成花。

第四年开始各主枝延长头不再短截，各枝条均缓放促发短枝，成花结果。每主枝上培养成 8～10 个大型枝组。

培养三大主枝开心形时，要注意主枝在行间的分布要均衡，即 1、3、5、……等单数株的两个主枝与 2、4、6、……等双数株的一个主枝在同一侧，避免出现连续两株的 4 个主枝在同一侧的情况。

五、疏散分层形及其培养过程

1. 树形结构特征

疏散分层形有中心干，树高 6.0～7.0 米，干高 1.0～2.0 米，主枝 6～7 个，分 3～4 层着生在中心干上，形成半圆形或圆锥形树冠。第一层主枝 3 个，基角 55°～65°，腰角 70°～80°，梢角 60°～70°。水平夹角 120°。层内距 40 厘米。第二层主枝 2 个，水平方向与第一层主枝插空排列，层内距 20～30 厘米，基角 70°～80°。第三层主枝 1～2 个，水平方向上插第一、第二层主枝的空。有的可以培养第四层主枝，1 个。第一、第二层的层间距 1.5～2 米左右，第二、第三层层间距 0.8～1.0 米。

疏散分层形要培养侧枝。第一层每个主枝留 3 个侧枝，第一侧枝距中心干 0.8～1.0 米，第二侧枝距第一侧枝 0.4～0.6 米，第三侧枝距第二侧枝 0.6～0.8 米。第二层主枝留 2 个侧枝，第一侧枝距离中心干 0.5～0.6 米，第二侧枝距离第一侧枝 0.6～0.8 米。第三层主枝培养 1～2 个侧枝。第一层主枝上的第一侧枝和第三侧枝在同一侧，第二侧枝在第一侧枝的相反一侧，着生位置在主枝的背斜侧为好，切忌留背后枝，侧枝与主枝的夹角以 45°～50°为宜。

疏散分层形的特点是树冠大，呈半圆形，通风透光良好，寿命长，枝条密，结果部位多，单株产量高，主枝和中心干结合牢固，负载量大，适合于土壤肥沃深厚、生长条件较好的地方，多用于晚实类型核桃品种。盛果期后树冠易郁闭，内膛易光秃，产量下降。

2. 适宜的株行距

疏散分层形主要用于孤植大树、林粮间作的核桃树等，株行距一般较大，晚实核桃在 8~10 米以上，早实核桃在 6~8 米以上。

3. 树形培养过程

以培养干高 1.0 米，冠径 6 米，有 3 层主枝的疏散分层形为例（图 3-27）。

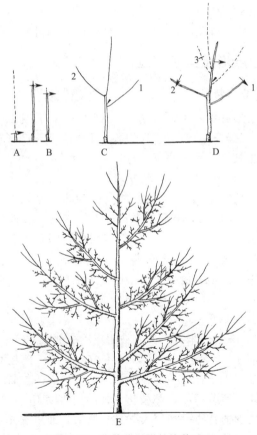

图 3-27　疏散分层形的培养过程

A—第一年重截干及摘心；B—第二年定干；C—第二年选留 2 个主枝；

D—第三年选留第三个主枝；E—目标树形

第一年栽植后对苗木重短截，在嫁接口以上剪留 10～20 厘米，萌芽后抹芽定梢，只留一根壮条，待枝条长至 1.4 米时摘心促进枝条充实，如果第一年枝条生长高度不够，第二年继续在前一年的枝条上留 10～20 厘米重短截，一定要培养一个健壮的主干和中心干。

第二年定干，选留第一层主枝。定干高度为 1.2 米，定干后剪口下的第一个枝条继续保持垂直生长，培养中心干。配合刻芽，剪口下的第二个枝条为第二主枝，在第二主枝以下 40 厘米左右选择第一主枝，主枝在 8 月初拉至 55°～65°，两主枝之间的夹角为 120°，第一层主枝间的距离不小于 40 厘米，除中心干枝、主枝外的其余枝条全部疏掉，大多数情况下第二年只能选留 2 个主枝，第一层三大主枝需要 2 年才能培养完。

第三年继续选留主枝，中心干枝剪留 60 厘米，发枝后选留第 3 主枝。对前一年留好的 2 个主枝各留 80～100 厘米短截，促发分枝，选留第 1 侧枝和结果枝组。

以后逐年按照目标树形的要求培养剩余的主枝、侧枝等结构，晚实核桃 5～6 年时开始选留第二层的 2 个主枝，第二层的第一个主枝距离第一层的第 3 个主枝 1.5 米，层内距 20～30 厘米。以后根据生长情况选留第三层主枝 1 个，距离第二层主枝 1 米。

六、小冠疏层形及其培养过程

1. 树形结构特征

小冠疏层形干高 0.8～1.2 米，树高 4～4.5 米，全树分 2～3 层，培养主枝 5～6 个，每主枝上着生侧枝 1～2 个，第一层间距 1～1.2 米，第二层间距 0.8～1 米，层内距 20 厘米左右。第一个侧枝距主枝的基部的长度，晚实核桃 60～80 厘米，早实核桃 40～50 厘米，各侧枝在相应主枝的同一方向，避免交叉。

小冠疏层形是疏散分层形的缩小版，树体结构基本相同，只是主干低、树冠矮、主枝短、层间距小，适合中等密度的栽植，主要用于早实核桃品种。

2. 适宜的株行距

株距 3～5 米，行距 5～6 米。

3. 树形培养过程

以培养干高 0.8 米，冠径 3 米，有 3 层主枝的小冠疏层形为例（图 3-28）。

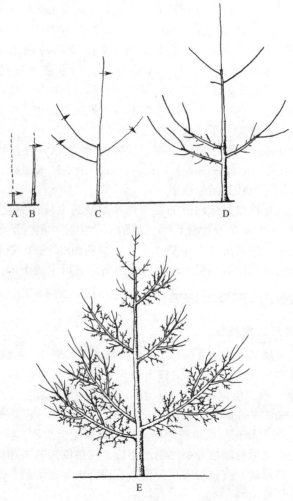

图 3-28　小冠疏层形的培养过程

A—第一年重截干；B—第二年定干；C—第二年选留 3 个主枝；

D—选留第二层主枝；E—目标树形

第一年在嫁接口以上留 10～20 厘米重截干，发芽后选留一个枝条作为中心干枝。

第二年定干，定干高度为 1.2 米，在 40 厘米的整形带内选留 4 个不同方位、生长健壮的枝，培养为第一层的 3 个主枝和中心干延长枝，层内距离 20 厘米。当第一层的主枝确定后，除保留主枝和中心干延长枝外，其余枝、芽全部剪除或抹掉。秋季将主枝拉开角度，主枝基角为 70°～80°，水平夹角为 120°。

第三年春季萌芽前对中心干延长枝、主枝分别进行短截，促发分枝和延长生长，在主枝上距离基部 50 厘米左右培养第 1 侧枝，其余部位培养结果枝组。

第四年对中心干延长枝短截，选留第二层主枝，一般为 2 个，距离第一层主枝 1～1.2 米。对长度达到 1.5 米以上的第一层主枝不再短截，而是通过刻芽促发分枝，培养结果枝组。开始适当留花结果。

早实核桃 5～6 年，晚实核桃 7～8 年生时，除继续培养各层主枝上的侧枝和结果枝组外，开始选留第三层主枝 1 个。第三层与第二层的间距 0.8～1.0 米，待第 3 层主枝培养完成后从最上一个主枝的上方落头开心，控制树高为 4～4.5 米。

在选留和培养主、侧枝的过程中，对晚实核桃要注意短截促其增加分枝，以便培养结果母枝和结果枝组。早实核桃要控制和利用好二次枝，防止结果部位外移，同时还要经常及时剪除主干、主枝、侧枝上的萌蘖、过密枝、重叠枝、细弱枝和病虫枝等。

第四节　不同发育时期的修剪

一、幼树期

生产中核桃幼树期是从苗木定植开始到结果初期，早实核桃为 2～3 年，晚实核桃为 3～5 年左右。核桃幼树阶段生长较快，如果任其自然生长，不易形成具有丰产结构的良好树形。幼树期的修剪任务主要是培养树形，加速扩大树冠，促进分枝，形成各类枝组，提早结果。培养树形的过程，其实就是按照目标树形的结构指标培养主干、中心干、主枝、侧枝和枝组等的过程。早实核桃栽植后的头3年要疏掉所有的果实，以尽快完成树形培养，扩大树冠。

核桃幼树阶段营养生长旺盛，枝梢生长迅速，树冠逐年扩大，此时修剪要注意培养主干，留好主枝，保留辅养枝，及时疏剪密挤枝、徒长枝、细弱枝，树冠内多留结果枝，整形修剪一定要结合拉枝进行，密植树以拉枝为主修剪为辅，既保证主枝分布均匀，生长匀称，还要让主枝开张，树冠层次分明、通透、不偏冠，保证树冠均衡发展，逐步培养成结果体积大的丰满树形。对非骨干枝加以控制或缓放，促进其提早开花结果。幼树期修剪要注意以下几点。

（1）控制二次枝　过旺过密时疏除，对选留者在夏季摘心，促其尽早木质化，可加快整形过程。

（2）利用徒长枝　通过夏季摘心或短截，促使其中下部分枝生长健壮，培养成结果枝组。

（3）缓放营养枝　以不剪或轻剪为宜，多拧枝或拉枝开张其角度，控制旺长。

（4）处理好背下枝　背下枝一般不需要留的要及早剪除；对已经留下的背下枝，母枝头弱时，可用背下枝替代原枝头，而剪除原枝头；背下枝长势中庸已形成混合花芽时，留作结果枝组，控制生长。

（5）疏除过密枝　整形过程中出现局部密挤时，要适当疏除密挤枝。

二、初果期

早实核桃栽植后4～5年开始留果，进入初果期，初果期的树仍然生长旺盛，树冠继续扩大，树形还未培养完成，结果逐年增多。这时要继续培养树形，适当兼顾结果，在中心干和主枝上培养小型结果枝组，对结果枝组内的分枝去强留壮，保持中心干、主枝、侧枝的生长优势。修剪的主要内容是：一方面继续培养主、侧枝，调整各级骨干枝的生长势，使骨架牢固，长势均衡，树冠圆满，准备负担更多的产量；另一方面，应在不影响骨干枝生长的前提下，充分利用辅养枝早结果，早丰产。

晚实核桃进入初果期较晚，一般为4～6年。修剪时以拉枝、甩放为主，促进成花，尽量少疏枝，特别要注意及时开张角度。

三、盛果期

结果盛期核桃树的修剪，应根据品种特性、栽培方式、栽培条件和树势发育状况的不同采取相应的修剪措施。

核桃定植后早实核桃8～10年，晚实核桃15年左右进入盛果期，核桃盛果期较长，可达数十年。此时核桃树冠停止扩大并逐渐开张，大都接近郁闭或已经郁闭，产量逐年上升，结果部位外移，部分小枝开始枯死，出现隔年结果现象。这一时期修剪的主要任务是，加强综合管理，保持树体健壮，维持各级骨干枝的从属关系，平衡树势，调节生长与结果的关系，不断改善树冠内的通风透光条件，防止结果部位外移，及时培养与更新结果枝组，乃至更新部分衰弱的骨干枝，以维持较高而稳定的产量，延长盛果期年限。

树形培养完成后，树高达到一定的高度可逐年落头去顶，用最上层主枝代替树头。刚开始进入盛果期，各主枝还继续扩大生长，仍需培养各级骨干枝，及时处理背后枝，保持枝头的长势。当相邻树枝头相碰时，可疏剪外围，转枝换头。先端衰弱下垂时，应及时回缩，抬高角度，复壮枝头。盛果期大树的外围枝大部分成为结果枝，由于连年分生，常出现密挤枝、干枯枝和病虫枝，应及早从基部疏除。通过这样处理，可改善内膛光照条件，做到"外围不挤，内膛不空"。

结果枝组是盛果期大树结果的主要部位，因而结果枝组应该在初果期和盛果期即着手培养和选择，以后主要是枝组的调整和复壮。树冠内的大型枝组水平延伸过长，后部出现光秃时，应回缩到3～4年生的分枝处，以促进后部萌发新枝，更新结果枝组。

四、衰老期

在通常情况下，早实核桃40～60年、晚实核桃80～100年以后，进入衰老阶段，常出现大枝枯死，树冠缩小，主干腐朽，结实量减少，内膛容易产生徒长枝，开始自然更新等现象。衰老树修剪的任务是在加强土肥水管理和树体保护的基础上，有计划地进行骨干枝更新，形成新的树冠，恢复树势，以保持一定的产量，并延长其经济寿命。因树制宜，对老弱枝进行重回缩，充分利用徒长枝更新复壮树冠，对新发枝及早整形，彻底清除病虫枝，更新复壮、防止新发枝郁闭早衰、防病虫害，保持健壮、延长经济寿命，保证收益，另外应多疏除雄花序，以节约养分，增强树势。对衰老期核桃树进行更新修剪的主要方法如下所述。

1. 树冠更新

树冠更新是将主枝全部锯掉，使其隐芽萌发并培养新主枝。具体做法有两种情况：其一，对于主干过高的植株，可从主干的适当部位，将树冠全部锯掉，在锯口附近选留2～4个方向合适、生长健壮的枝条培养成主枝、中心干枝（图3-29）；其二，对于主干高

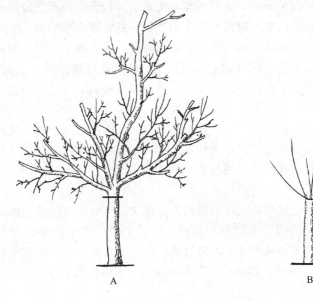

图 3-29 树冠更新

A—更新前；B—更新后

度适宜的开心形植株，可在每个主枝的基部锯掉；如果是主干形，可从第一层主枝的基部将树冠锯掉，使其在锯口附近发枝。

2. 主枝更新

主枝更新就是将主枝在基部进行回缩，使其形成新的主枝（图3-30）。具体做法是，选择健壮的主枝，保留20～30厘米长的主枝，其余部分锯掉，使其在锯口附近发枝，发枝后每个主枝上选留1个健壮的枝条，培养成为新主枝，在新主枝上培养结果枝组。

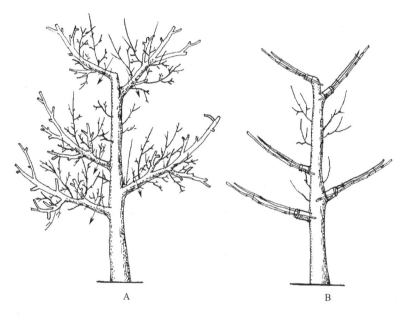

图 3-30　主枝更新
A—更新前；B—更新后

3. 枝组更新

对于主枝结构合理的大树更新时可保留原有主枝，仅将枝组留基部5～20厘米进行回缩，待萌发更新枝后培养成新的枝组（图3-31）。

衰老期树更新修剪时要特别注意伤口保护，认真涂刷愈合剂，促进伤口愈合，防止病害通过剪锯口传染蔓延。

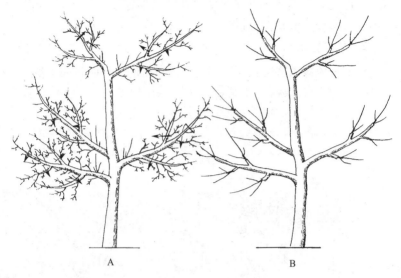

图 3-31　枝组更新
A—更新前；B—更新后

第五节　特殊树的修剪

核桃生产中树体结构异常的树比较多，包括放任不修剪的树和果实品质较差的树等，这些树经过多年的生长，树冠高大，有很强的增产潜力，是当前核桃产量的主力军，通过对这部分树加强管理，可以很快获得比较高的经济效益。

一、放任树的改造修剪

生产中核桃老树许多都是放任生长的，常常表现为大枝过多过粗，层次不清，枝条密挤紊乱，从属关系不明，抱头生长，树冠郁闭，通风透光不良，内膛枝细弱，干枯，结果部位外移，结果枝细弱，结果能力差，表面结果，产量低下等现象。对于品种优良的放任树可以进行树形改造，尽快增强结果能力，提高产量。

1. 放任树的表现

生产中的核桃放任树常表现为以下几个方面：

（1）大枝过多，主次不分，层次不清，从属关系不明，枝条紊乱。主枝多轮生、叠生、并生，第一层主枝常有 4 个以上，中心干及第二层以上主枝极度衰弱。

（2）主枝角度不开张，枝条伸展过高，第一层主枝的高度比第二层甚至第三层主枝还高，抱头生长。

（3）主枝延伸过长，先端密挤，基部秃裸，造成树冠郁闭，通风透光不良，主枝粗大，内膛枝细弱，逐渐干枯，导致内膛空虚，结果部位外移。

（4）小枝细，易枯死，结果枝细弱，结果能力降低，落果严重，坐果率一般只有 20％左右，果实品质差，大小年严重。

（5）衰老树外围焦梢，病虫害严重，树体衰老，从大枝的中下部萌生大量徒长枝，形成自然更新，产量很低。

2. 放任树的整形要点

核桃放任树树冠郁闭是常有的事情。要想解决光照问题，首先要疏除大枝，特别是重叠的、并生的严重影响光照的大枝。疏除大枝后，剩下的小枝可以先不修剪，留壮枝培养结果枝组。适合整成开心形的，按其整形要求选留 3～4 个水平分布均匀、有适当间距的主枝，一次性疏除中心干，改造为开心形。其余过密主枝，若为已挂果壮树，在兼顾结果的前提下进行逐年回缩、直到疏除。适合分层形的，按其树形要求选留各层主枝，疏除其余过密主枝，疏除内膛细弱枝，保留健壮枝，改造成中小型结果枝组。

放任树的改造大致可分三年完成，以后按常规修剪方法进行。第一年以疏除过多的大枝为主，从整体上解决树冠郁闭的问题，改善树体结构，复壮树势。占整个改造修剪量的 40％～50％。第二年以调整外围枝和处理中型枝为主，这一年修剪量占 20％～30％。第三年以结果枝组的整理复壮和培养内膛结果枝组为主，修剪量占 20％～30％。修剪量应根据立地条件、树龄、树势、枝量多少而灵活掌握，不可千篇一律。各大、中、小枝的处理也必须全盘考虑，有机配合。

3. 放任树的改造

放任生长的树形多种多样，应本着"因树修剪、随枝作形"的原则，根据情况区别对待。中心干明显的树改造为主干疏层形，中心干很弱或无中心干的树改造为开心形。

（1）大枝的选留　核桃中心干上着生的大枝就是其主枝，大枝过多是一般放任生长树的主要矛盾，应该首先解决好。修剪时要对树体进行全面分析，通盘考虑，重点疏除密挤的重叠枝、并生枝、交叉枝和病虫为害枝。主干疏层形留 5～7 个主枝，开心形可选留 3～4 个主枝。为避免一次疏除大枝过多，可以对一部分交叉重叠的大枝先行回缩，分年处理。实践证明，40 年生的大树，只要不是疏过多的大枝，一般不会影响树势。相反由于减少了养分消耗，改善了光照，树势得以较快复壮，去掉一些大枝，虽然当时显得空一些，但内膛枝组很快占满，实现立体结果。对于较旺的壮龄树，则应分年疏除，否则引起长势更旺。

按照主枝开张角度要求，对开张角度大的采取木杆支撑或用绳子上拉，缩小角度；角度小的，采用木杈由中心干往外撑或用绳子向下拉，扩大开张角度。偏冠但已经结果的大树，原则上整形修剪与结果兼顾，在设计好树形的基础上，对偏冠突出的部位进行逐年回缩，相对偏小的一面通过修剪培养，扩展冠幅，达到边结果、边矫正树冠的目的。主枝开张角度较小、生长健壮，且撑、拉困难的，回缩主枝，保留外侧枝培养主枝；主枝角度过大，但背上枝强壮的，回缩主枝，保留背上枝作延长枝，培养主枝。长势超过主枝的侧枝，造成主次不分，影响树形，导致枝条密集或早衰。修剪时选择发展空间较大的大枝作为主枝，其余大枝逐年回缩。

（2）中型枝的处理　在大枝疏除后，总体上大大改善了通风透光条件，为复壮树势充实内膛创造了条件，但在局部仍显得密挤，处理时要选留一定数量的侧枝，其余枝条采取疏间和回缩相结合的方法。中型枝处理原则是多疏除大枝，少疏除中型枝，要去掉的中型枝可一次疏除，有空间的可以改为小型枝组。

（3）外围枝的调整　对于冗长细弱、下垂枝，必须适度回缩，抬高角度，衰老树的外围枝大部分是中短果枝和雄花枝，应适当疏间和回缩，用粗壮的枝带头。

（4）结果枝组的调整　当树体营养、通风透光条件得到改善后，结果枝组有了复壮的机会，这时应对结果枝组进行调整，其原则是根据树体结构、空间大小、枝组类型（大、中、小型）和枝组的生长势来确定。对于枝组过多的树，要选留生长健壮的枝组，疏除衰弱的枝组，有空间的要让继续发展，空间小的可适当回缩。

利用内膛徒长枝进行改造，培养内膛结果枝组。据调查，改造修剪后的大树内膛结果率可达 34.5%。培养结果枝组常用两种方法：一是先放后缩，即对中庸徒长枝第一年放，第二年缩剪，将枝组引向两侧；二是先截后放，对中庸徒长枝先短截，促进分枝，然后长放。第一年留 5 个芽重短截，第二年疏除直立旺长枝，用较弱枝当头缓放，促其成花结果。这种方法培养的枝组枝轴较多，结果能力强，寿命长。

二、劣质树高接换优

1. 高接换优的对象

核桃生产中品质较差，结果不好的实生幼树、初果期到盛果初期的树都可以进行高接换优。高接换优后嫁接的枝条生长量大，配合夏季修剪，树冠恢复很快，能够很快结果，很快丰产。对现有的核桃园缺乏授粉品种时也可以通过高接的方式配置授粉品种。树龄不同采取的高接换优方法不同，枝条粗度不同采用的嫁接方法也不同。

2. 高接换优的方法

核桃高接换优可采用枝接和芽接两种方法。枝接包括劈接、插皮舌接、插皮接等，芽接主要是方块形芽接，在芽接前要对大树进行回缩净干处理。

（1）劈接　核桃劈接北方地区多在 3 月下旬到 4 月下旬萌芽前后进行。结合树形改造对树冠进行回缩，削平锯口，用劈接刀在枝条中间劈开，深约 5 厘米。事先蜡封接穗，每个接穗留 1～3 个芽眼，在第一个芽相对的侧面各削一个 3～5 厘米的斜面，两侧斜面等长，将接穗插入劈开的砧木中，使接穗的削面基部露出少许，呈半月形，注意要使砧木和接穗的形成层对齐（图 3-32）。砧、穗粗度一致时将两侧形成层都对齐，砧木较粗，接穗较细的使一侧形成层对齐，然后用塑料条将嫁接口绑扎严实。未蜡封接穗的需要用塑料袋将接穗整个套起来，减少水分散失。枝接的时间很关键，一般在展叶后伤流少，成活率高，嫁接时需要在树干基部砍几刀"放水"，减少嫁接部位的伤流。一般是用手锯在主干距地面 30 厘米左右倾斜 30°垂直锯入木质部 2～3 厘米，粗干深，细干浅，一般有 3～4 道放水口就可以了。

嫁接时要注意捆好后接穗不能松动，即使用手摇也不易晃动为宜，初学嫁接的人常捆扎不严，因接穗松动而造成嫁接失败。接穗松动的主要原因：一是接穗削面的角度与砧木开口的角度不一致，二是接穗削面凹凸不平。接穗削面角度大，使先端夹不紧；接穗削面角度小，使后部夹不紧，接穗削面的角度要多多练习才能掌握。另外形成层没有对齐也是嫁接失败的原因之一。不嫁接的其他伤口要涂抹愈合剂加以保护，减少树体水分散失。

蜡封接穗时，将市售的工业石蜡放入一个敞口容器（铝锅、铁锅均可）中，用火加热将石蜡化开，在蜡液中插入一支温度计，不能让温度计直接与锅壁接触。蜡液熔化后，控制蜡液的温度为 100～130℃，将接穗放入蜡液中迅速蘸一下，甩掉表面多余的蜡液，使整个接穗表面粘被一层薄而均匀透明的蜡膜。少量的接穗可用镊子、夹子或筷子等夹住接穗一个一个地蘸，夹住的接穗保持水平状，整条接穗同时入蜡同时出蜡。大量接穗用金属丝制的笊篱，用笊篱时一次可处理 10～20 支接穗，不可太多，过多的接穗堆在一起会使堆内部蜡温过低。具体操作方法是：在笊篱中散列接穗，迅速淹入蜡液，瞬间即把笊篱移出，掂几下使部分蜡液掉回锅内，转手稍用力甩在铺有塑料布的地上，使接穗四处散落，而不堆在一处，以利散热，且接穗不会黏结在一起。注意蜡的温度不能过高或过低。温度过高容易将接穗烫死，这时可将容器撤离热源降温。温度过低，接穗上的蜡层过厚，容易龟裂脱落，需重新加热蜡液。另一种石蜡融化法是在容器中加入少量的水，利用水来间接加热，控制蜡液的温度不超过100℃，这样可保护接穗不容易被烫伤，但由于温度较低，接穗容易附着水分，蜡封的效果不如直接用火加热。刚蜡封好的接穗不要堆在一起，要让其尽快冷却。

（2）插皮舌接　砧木锯断后选光滑处由下至上削去一条老皮，长5～7厘米，宽1～1.5厘米，露出皮层。接穗削成4～6厘米的单削面，成马耳形，用手捏开削面背后的皮层，使之与木质部分离，将接穗削面的木质部插入砧木削去表皮处的木质部和皮层之间，用接穗捏开的皮层盖住砧木表皮的削面，最后用塑料条绑扎严实（图3-33）。接穗不离皮时很难捏开，进行插皮舌接的接穗要事先进行催醒处理，使之离皮。方法同种子的催芽，注意把握处理的时间、温度和湿度，催醒时间过长会使接穗萌发，导致嫁接成活率降低。插皮舌接方法稍微繁琐一点，但它是核桃枝接成活率最高的方法。

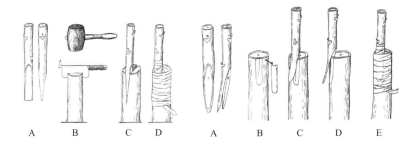

图 3-32　劈接
A—削接穗；B—劈开砧木；
C—插入接穗；D—绑缚

图 3-33　插皮舌接
A—削接穗；B—削砧木；
C、D—插入接穗；E—绑缚

（3）插皮接　插皮接又叫皮下接，适用于较粗的砧木，必须在砧木"离皮"以后进行。先将砧木锯断，削平锯口，在砧木光滑部位，由上向下垂直划一刀，深达木质部，长度与接穗削面等长，同时用刀将皮层向两边挑开。接穗削面成一个马耳形，长4～6厘米，然后在削面的背面先端轻轻削一个小斜面，长0.5厘米，也可左右削两刀，呈两个小斜面，便于往下插接穗（图3-34）。还可以将削面的背面蜡层、皮层轻轻用刀刮去，露出白绿相间的韧皮部，这样可以加大接触面，有利水分和营养运输，促进愈伤组织的形成。接穗削好后插入砧木的小口中，只留下接穗削口基部 0.5 厘米左右，露白，呈半月形。最后用塑料布包扎严实。插皮接时砧、穗接触面大，嫁接成活率高，生产上应用较多，但嫁接成活后砧、穗结合部的机械承受能力较差，接穗萌发后易被风吹折，需要及时进行支护。

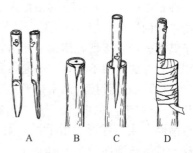

图 3-34　插皮接
A—削接穗；B—削砧木；
C—插入接穗；D—绑缚

（4）芽接　核桃树高接时用芽接的方法时要配合重回缩截干，待隐芽萌发后选留位置合适的新梢，其余的抹除，5月底至6月初在新梢上用方块芽接的方法进行嫁接，这种方法称为"净干芽接"（图 3-35）。

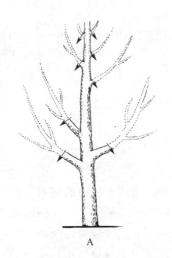

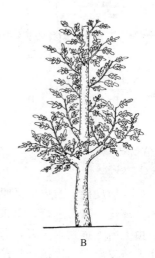

图 3-35　净干芽接
A—重回缩截干；B—隐芽萌发状

方块芽接法嫁接成活率高，是 1998 年以后应用最多的核桃嫁接方法。具体操作方法如下：用当年的新梢做接穗，剪取接穗的同时将叶片剪掉，取接芽时用刀先将叶柄留 0.5 厘米左右削去，在接芽上下各 1 厘米处平行横切一刀，在接芽叶柄两侧 0.5 厘米处各竖切一刀，与横切刀口相交呈"井"字形，用拇指和食指按住叶柄处横向剥离，取下一个长方形的芽片，注意要带上生长点——芽片内面芽基下凹处的一小块芽肉组织。在砧木下部粗细合适的光滑部位横切一刀，在刀口之上平行横切一刀，两刀间距离与接芽长度相当，在其一侧竖切一刀，与上、下横刀口相连通，挑开皮层开个"门"，放入接芽，一面紧靠竖刀口，依据接芽的横向宽度撕去砧木挑起的皮，注意去掉的皮要比接穗芽片稍微宽 1～2 毫米，以利接芽和砧木形成层紧密结合。用地膜剪成 3 厘米宽的塑料条进行绑缚，注意将叶柄的断面包裹严实，露出芽点（图 3-36）。最后用修枝剪将嫁接口以上的砧木留 2 片复叶剪去，控制砧木的营养生长，有利接芽成活、萌发。

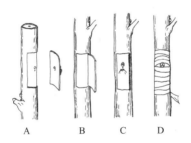

图 3-36　方块形芽接

A—取接芽；B—砧木开口；C—放入接穗；D—绑缚

方块芽接时砧木的另一种切法是开"工"字形口，称为"工"字形芽接。接穗切法与方块形芽接相同，砧木先横切两刀，在两横切刀口的中间竖切一刀，将砧木的皮层向两边挑开，放入接芽，闭合皮层，用塑料条绑缚。"工"字形芽接不去掉多余的皮层，也称开门接。

有些地方习惯用双刃刀进行方块芽接，操作方便，成活率高。可自行制作双刃芽接刀，取 2 段各长 10 厘米左右的钢锯条用砂轮磨出刀刃，刃长 4 厘米，找一宽 4 厘米，厚约 1 厘米，长 10 厘米的小木条，用布条将锯条做成的刀绑缚在木条两侧即成，两刀刃相距 4 厘米（图 3-37）。嫁接操作与单刃刀一样，只是横切两刀变成一次完成，且容易使砧木的切口与接穗芽片等长，可提高嫁接速度，提高成活率。

图 3-37　双刃芽接刀

日本有一种嫁接胶带，具有很强的延展性和黏着性，可拉长 6 倍，并可自动缩紧黏着，不需要打结捆绑。此嫁接胶带适用于各种嫁接方法，芽接时缠绕 2 圈，枝接时缠绕 5 圈即可，可提高嫁接速度。胶带缠后 5 个月可自行风化解体，可省去解绑的工序。国内也生产嫁接胶带，但质量较差。

高接换优时要注意，劣质树是指成花、结实少，且果实品质差的树，这样的树需要改接更换优良品种，衰老期的树不宜高接换优。换优时应在春季萌芽后截去大枝，并去除大枝上的所有分枝，在当年萌发的新枝上芽接效果好，从萌发的新枝中，结合树形改造，选好主枝，更换良种。

3. 嫁接后的管理

核桃树高接换优后的管理十分重要，为提高存活率，尽快恢复树冠，必须加强管理，嫁接后的管理主要包括以下内容。

（1）检查成活　嫁接一周后检查接芽，接芽新鲜饱满的说明嫁接成活。接芽变黑的没有成活，要及时进行补接。嫁接时注意保护好芽的生长点，如果没有了生长点就不能抽生枝条，可出现芽片成活而无法萌芽的情况。

（2）剪砧　嫁接后 7～10 天，确认接芽成活后要把接芽以上留的 2 片复叶剪掉，在接芽以上 1.5～2 厘米处剪截，促进接芽的萌发生长。

（3）除萌　嫁接后原来的枝干上会萌发许多嫩梢，应及时抹除

3～5次，以集中养分供应接芽生长。

（4）解除绑缚物　嫁接成活后接穗生长迅速，可在新梢长到10～20厘米时解除绑缚物，以防将嫁接部位勒伤，影响增粗。

（5）设立支柱　高接后接芽生长迅速，接口部位结合还不牢固，支撑能力差，容易被风刮折，可在旁边绑一根1.5米长的竹竿或木棍，先用细绳将竹竿与原来的粗枝绑在一起，需绑2道固定，相距20厘米左右，使支棍不能随便晃动，同时要注意使支棍的角度开张，再将新梢顺着竹竿松松地绑一下，起到固定作用，同时还能开张枝条角度，注意不要把接穗枝条绑得太紧，防止接穗枝条增粗时缢伤。新梢每延长30厘米左右即再绑一道，可绑3～5道。

（6）摘心　按照树形培养要求，一般在接穗长到50～60厘米（小冠树形），或者80～100厘米（大冠树形）时摘心，促进分枝。9月中旬对没有停长的新梢进行摘心，促进枝条充实。

（7）病虫害防治　高接换优的树枝叶幼嫩，容易遭受病虫害，在管理过程中要注意观察，及时发现，及早防治。

（8）调整树形　嫁接成活后要根据树体情况及时进行整形修剪，维持合理的树体结构，争取早结果，多结果。

三、核桃采穗母树的修剪

核桃采穗母树不以结果为目的，主要是为生产提供优质充足的接穗。采穗母树的树形可选择小冠疏层形、开心形等，一般不拉枝，维持枝条自然开张角度即可，冬季修剪以重短截为主，促进多发壮条，枝条基部粗度在1.5厘米以上的强旺枝留2～3个瘪芽重短截，基部粗度0.6～1.5厘米的旺枝留1～2个瘪芽重短截。细弱的母枝缓放不剪或适当疏除。春季萌芽后将雌花、幼果疏除，以集中营养促进枝条生长，提高接穗质量，多采接穗。5月下旬至6月上旬当枝条半木质化时可采集第一茬接穗，采穗量占全树枝量的70%。6月下旬至7月上旬可采第二茬接穗，采穗量占全树枝量的30%。所采接穗枝条以直径1.5厘米左右为主，过粗过细均不适宜作接穗。接穗采完后要施肥、浇水，使新长出的枝条充实，能安全越冬。

第四章
核桃土肥水管理

土壤是果树赖以生存的基础，核桃生长发育需要的水分和矿质营养都是从土壤中吸收来的，因此加强土肥水管理是实现核桃早果、丰产、优质的基础措施。土壤管理十分重要，有以下四个方面的作用。

（1）增加活土层深度，扩大根系分布范围，增强根系的吸收能力。

（2）疏松土壤，增强土壤的透气性，增大土壤含蓄肥水的能力和保肥保水能力，有利于根系向水平和垂直方向伸展。

（3）培肥地力，提高土壤有机质和矿质营养供给水平，充分供给树体吸收和利用。

（4）为核桃树生长发育创造良好的土壤生态环境，调控树体从土壤中吸收水分和各种矿质营养。

核桃土肥水管理的内容包括土壤改良、深翻扩穴、中耕除草、园地覆盖、果园生草、秸秆埋压、施基肥、土壤追肥、根外追肥、节水灌溉与果园排水等。

第一节　核桃树需肥需水规律

掌握核桃树体生长发育过程中需肥、需水规律是进行土肥水管理的基础。品种、树龄、生育期、土壤、气候、管理方式、结果情况等都对核桃树需肥、需水规律有一定的影响，因此在生产中要不断总结经验，适时、适量地对土壤补充养分和水分，满足树体生长发育的需要，提高产量和品质，提高树体抵抗外界不良条件的能力。

一、核桃需肥规律

1. 土壤养分供应情况

土壤是由岩石风化而来，不同的岩石风化成的土壤，其土壤类型、酸碱度、养分含量等差异很大，由于土壤的生熟度不一样，各地自然条件不一样，土壤中累积和储藏的养分也不同。目前我国大部分的土壤类型的养分含量都不能完全满足核桃生长发育的需要，要想使核桃树早产、高产、优质，就必须向土壤中施入一定数量的各种养分。

（1）氮 包括土壤全氮、有机氮和有效氮。土壤有机质含量高时土壤各形态氮高，表现土壤肥力高。

（2）磷 土壤有效磷高低反映土壤是否缺磷，粮田土壤有效磷平均 25 毫克/千克左右，一般平原核桃园土壤有效磷高于粮田，丘陵区偏低。目前核桃园土壤主要问题是 0～20 厘米土壤有效磷过高，20～60 厘米磷含量低，磷肥有效利用率低。

（3）钾 土壤速效钾和缓效钾含量反映土壤是否缺钾，土壤速效钾含量为 70～100 毫克/千克，果园钾一般高于粮田，核桃园土壤速效钾一般较低。

（4）微量元素 通过增施有机肥的方式增加土壤有效锌、铁、硼、钙含量，是既经济又能改良土壤的方法，必要时需通过土施或叶面喷肥的方式补充微量元素。

（5）有机肥 有机肥属于全营养肥料，多施有机肥有利于改善土壤结构，提高果实品质。有机肥一般都以基肥的形式施入土壤，施用基肥时，如施用堆肥、秸秆和牛粪为主的有机肥需配合适量化肥施用，若是以鸡粪、羊粪为主的有机肥可不加化肥。现在工厂生产的有机肥多加入了有益的微生物，称为生物菌肥，可以提高肥料利用率。

2. 核桃树施肥量

核桃树体高大，根系发达，产量高，寿命长，需肥量尤其是需氮量比其他果树大 1～2 倍。据法国和美国研究，每产 100 千克坚果，核桃树需从土壤中吸收氮 1465 克，磷 187 克，钾 470 克，钙 155 克，镁 39 克。如果再加上根、干、枝叶的生长，花芽分化、淋洗流失和土壤固定等消耗，核桃树每年应补充的各种元素的量应比这大 2 倍以上，因此核桃不施肥，单靠土壤供应显然是不能满足需要的。施肥量应根据土壤类型、树势强弱、肥料种类性质等来决定，施肥时可参考表 4-1 进行。

表 4-1　核桃树施肥量标准

时期	树龄/年	每株树平均施肥(有效成分)量/克			有机肥/千克
		氮	磷	钾	
幼树期	1～3	50	20	20	5
	4～6	100	40	50	5
结果初期	7～10	200	100	100	10
	11～15	400	200	200	20
盛果期	16～20	600	400	400	30
	21～30	800	600	600	40
	>30	1000	1000	1000	>50

资料来源：《中国干果》，2005。

3. 缺素症

当土壤中缺乏某种元素或者土壤中营养元素比例不当，元素间拮抗影响，某些营养元素被土壤固定，由可溶性变为不溶性，或者是土壤的物理性质不适宜，都会影响植物对营养元素的吸收，引起缺素症，详见第六章第一节。

4. 肥料过量的问题

生产中很少出现肥料过量的现象，但有时会出现偏施一种肥料，导致矿质营养供应失调的现象。常见的是幼树期追氮肥过量，导致局部用肥过量。

氮肥用量过高：影响果树吸收钾、钙、锌、镁、硼等养分，果树容易得生理病（如缺铁"黄叶病"、缺锌"小叶病"等）。果树营养生长过旺、产量低、抗病性差。果树生长受阻，表现叶片沿叶缘枯干，甚至叶片脱落，根系死亡，引起树体死亡。尤其春天过量追尿素、碳酸氢铵时会出现上述"肥害"。

磷肥用量过高时不表现直接毒害现象，但间接导致缺钾、钙、锌、铁、镁等，降低果实产量和品质。

钾肥用量过高时不表现明显毒害现象，但间接导致果树缺钙、镁等，影响核桃的生长发育。

二、核桃需水规律

水分是果树体内的重要代谢物质及组成部分，核桃树需要适量的供水才能维持正常的生命活动，生产上要保证稳产高产，必须有适当的供水条件，"有收无收在于水"说的就是这个道理。核桃对土壤水分比较敏感，过湿或干旱均不利于生长，核桃新梢生长期和果实发育期需要充足的水分供应，而我国北方地区降雨多集中在7、8月份，生长前期往往干旱少雨，过分的干旱导致树体生长衰弱，枝条生长量小，果实变小，种仁不饱满，品质降低。土壤中水分过量时造成通气不良，根系呼吸受阻，根系窒息死亡，所以核桃不宜种植在排水不畅、容易积水的地方。

第二节　土壤管理

核桃园土壤管理是土肥水管理的基础，土、肥、水的管理常常结合在一起进行，土壤管理的措施包括深翻熟化、浅翻、果园清耕、果园生草、间作、园地覆盖、秸秆还田、除草等措施，常常依据不同的园地条件、树龄、栽植密度等有不同的管理重点。为了促进树体生长，应及时除草和松土，熟化土壤，同时要做好水土保持工作，秋冬翻耕还能消灭土中的越冬害虫，减少病虫害的发生。

一、土壤改良

我国的核桃主要栽植于丘陵及山区，一般土壤条件较差，在栽植前需进行土壤改良。坡度大的地方需修筑水平梯田，土层薄的地方需加厚土层至 1 米以上，土壤砂石比例高的要进行客土栽植。通过各种土壤改良手段提高土壤肥力，为核桃树的生长发育提供良好的土壤条件。

二、深翻扩穴

1. 深翻的作用

深翻扩穴有利于疏松土壤，增加土壤通气性，加深根系分布层，为根系创造良好的条件，促进根系向纵深伸展，根量及分布深度均显著增加，扩大根系吸收范围。同时深翻可以加速土壤熟化，使难溶性营养物质转化为可溶性养分，提高土壤肥力，深翻扩穴时要注意与原定植穴之间不能留"隔墙"，还要避免伤粗根。深翻扩穴主要对幼龄果园进行，定植后 3～5 年完成全园深翻。深翻扩穴除增加核桃所需养分外，还起到修剪根系的作用，有利于养分积累和花芽形成。

2. 深翻时期

核桃树根深，喜疏松透气的土壤，最好是在秋季进行深翻，可结合施基肥进行，秋季未进行深翻的可春季深翻。

（1）秋季深翻　在果实采收后结合秋施基肥，清理果园杂物进行，这是果园深翻的最佳时期，一般在果实采收后及早进行，在土壤上冻前结束，过晚易造成根系冻害。秋季气温较高，雨水充沛，伤根容易愈合，土壤养分转化快，有利于树体养分的积累。

（2）春季深翻　在解冻后及早进行，翻后及时灌溉，风大干旱缺水和寒冷地区不宜春翻。

3. 深翻深度

核桃园深翻时以不伤 1 厘米粗的根，深度以稍深于果树主要根系分布层为度。平坦地块深度为 30～60 厘米，结合施有机肥时深翻深度可达到 60～80 厘米，坡地、梯田可适当浅一些。在靠近树干的地方深翻宜浅，内浅外深，以免伤根过多。

4. 深翻方式

幼树定植数年内，需要逐年向外深翻扩大栽植穴，直至株间全部翻遍为止，每次结合深翻可结合施入有机肥料（图 4-1）。深翻的方式有隔行深翻和全园深翻。隔行深翻即隔一行树翻一行，劳力较少时用此方法。全园深翻是将栽植穴以外的土壤同时深翻完毕，适合劳动力较多时进行。

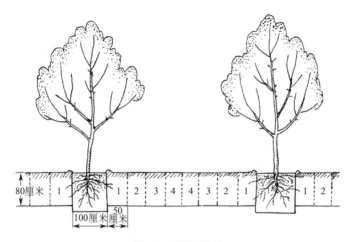

图 4-1 深翻扩穴

深翻要结合灌水，也要注意排水，深翻完后要整树盘，方便灌溉或蓄水保墒。深翻时表土与底土应分开堆放，回填时应先填表土，后填底土。深翻时应注意少伤根，特别是粗度 1 厘米以上的粗根，深翻时要及时回填土，以免翻出来的土壤水分散失过多，也要避免外露的根系遭受长时间风吹日晒。

三、中耕除草

杂草生长会与核桃争肥争水争光，特别是夏季雨水多，杂草生长迅速，会严重影响树体的生长。适时中耕除草可去除杂草，疏松土壤，改善土壤结构，熟化土壤，提高保水保肥能力。中耕可以疏松表土，防止地表板结，减少蒸发，给土壤微生物活动创造有利条件，促进树体生长。中耕时可用机械、畜力或人力翻耕松土，一般在春、夏、秋季各进行一次，有条件的地方最好进行全园浅翻，也可以树干为中心，翻至与树冠投影相切的位置。

使用除草剂除草方便快捷，可提高除草效率，常用的除草剂有除草醚、阿特拉津、扑草净、草甘膦、西玛津等，除草剂使用不当会造成药害，因此在使用除草剂之前，先进行小型试验，再大面积推广。幼树期尽量少用除草剂，喷施除草剂时一定要选择在无风天气，以免药液接触到核桃枝叶和果实上，发生药害。

四、果园覆盖

我国大多数的核桃产区都缺少灌溉条件，核桃园地面进行覆盖后，果园土层含水量分布更加均匀，变异幅度小，可以保持树势稳定缓和。覆盖应在扩穴、深翻、施肥、整平树盘的基础上进行，果园常用的覆盖物有地膜（白或黑）、地布、杂草、秸秆等。

地膜覆盖具有增温、保温、保墒提墒，抑制杂草等功效，有利于核桃树的生长发育，尤其是新栽植幼树，覆膜后成活率提高，缓苗期缩短，越冬抗旱能力增强。

覆盖秸秆等可改良土壤，提高土壤有机质含量，减少土壤水分蒸发，调节地温，抑制杂草等。覆盖材料以麦秸、杂草、豆秸、树叶、糠壳、食用菌菌渣等为好，也可用锯末、玉米秆、高粱秆、谷草等。覆盖时期以夏末、秋初为好，避免在春季土壤温度上升期进行，覆盖前应适量追施氮素化肥，随后及时浇水或趁降雨追肥后覆盖，覆盖秸秆厚度以 15～20 厘米为宜。

覆草前宜深翻土壤，在未经深翻熟化的果园里，应在覆草的同时，逐年扩穴改良土壤，随扩随盖，促使根系集中分布层向下扩展。黏土地或低洼地的果园覆草，易引起烂根病的发生，不宜进行覆盖。

五、果园生草

果园生草是现代果园普遍采用的技术，核桃园生草、种植绿肥可起到以下作用：

（1）能够显著、快速提高土壤的有机质含量，改善土壤结构，改良土壤，增加地力。

（2）果园生草改善园地自然环境，增加果园天敌数量，有利于果园的生态平衡，减少病虫害。

（3）果园生草后增加了地表覆盖层，能减少土壤表层温度变幅，有利于提高坚果产量和品质。

（4）山地、坡地果园生草可起到水土保持的作用，降低生产成本，减少果园投入，增加经济效益。

适合果园生草用的主要是豆科和禾本科的草类，豆科的有白三叶草、红三叶草、紫花苜蓿、田菁、豌豆、绿豆、黑豆、沙打旺、紫云英等，禾本科的有野牛草、燕麦草、黑麦草等。核桃园最好选用三叶草、紫花苜蓿、绿豆、田菁等豆科牧草，可将豆科草与禾本科草混种，深根草与浅根草搭配种植，效果较好。

还有一种生草的方法是自然生草，利用核桃园原有的杂草，去除恶性杂草，等杂草自然生长到30～50厘米高时人工刈割至5～10厘米高，通过多次割草控制杂草的高度，生草效果好，投入少。人工生草时每年要刈割3～5次，割下的草覆盖于树盘内。

六、秸秆埋压

作物秸秆不经过堆沤，直接翻埋于土壤中可起到肥田增产的作用。现在农村种植玉米、小麦等大田作物的很多，收获后的秸秆很难处理，我们可以拿来埋到核桃园里，进行秸秆埋压，收获大田作物后尽早埋压，一方面秸秆内的水分含量比较高，可以补充土壤水分，另一方面温度较高，容易使秸秆腐烂。

第三节　果园施肥

施肥是保证核桃树生长发育，早果丰产的重要栽培措施之一。核桃施肥应以基肥为主，追肥为辅，多施有机肥，逐年培肥土壤，改善土壤结构。虽然我国在大力推广配方施肥，但生产中仍以经验施肥为主，一方面对核桃需肥规律的研究不足，另一方面配方施肥成本较高，农民不接受，按照有些专家提供的配方施肥方案出现产量降低、品质下降等问题，打消了农民的积极性。

一、施基肥

基肥是供给核桃植株全年生长发育所需的基础肥料，是当年结果、恢复树势和形成花芽的物质保证。定植核桃时施入的基肥，除部分被树体吸收利用外，很快就会因土壤固定、微生物分解等原因而失去肥效，在以后的管理过程中还要不断补充基肥。基肥应以有机肥为主，每株施肥量要根据树龄、树势、产量等因素增减，施肥结合深翻进行，可将秸秆、杂草等铡碎后铺入施肥沟中。

1. 施基肥的时期

基肥的施入一般结合土壤深翻进行，最好是秋季施基肥。在果实采收后至落叶之前，可以一直延续到土壤上冻前，春季施基肥在土壤解冻后，萌芽前进行。秋季基肥施入早，温度高，有利于基肥腐烂和树体吸收，第二年树体生长良好。前期核桃果实生长消耗了大量的养分，秋季土壤墒情适宜，根系处于秋季生长活动的高峰时期，已分化的花芽也需要有足够的营养来保障，为保证树体生长和明年结果，必须及时补充肥料，供给充足养分。春季施肥时间较短，且施肥时对根系造成的损伤来不及恢复，不利于树体萌芽和生长，所以生产中在春季施基肥的较少。

2. 基肥的种类

核桃树喜肥，秋季施肥可选择适宜核桃树生长所需的腐熟有机肥为主，可改良土壤，防止板结，促进透气，同时可添加适量的氮、磷、钾及其他中微量元素肥料。

（1）有机肥的种类　有机肥是指含有较多有机质的肥料，主要包括人畜粪尿、堆沤肥类、秸秆肥类、绿肥、杂草类、饼肥、腐殖酸类、沼气渣（液）肥等，这类肥料主要是在农村中就地取材，就地沤制，就地施用，也叫农家肥。基肥除传统农家肥外，现在各地有许多的有机肥厂，所生产的有机肥中添加了有益微生物，能促进有机质的分解，提高肥效。

（2）有机肥的特点　有机肥所含养分全面，它除了含有核桃生长发育所必需的大量元素和微量元素外，还含有丰富的有机质，有机肥是一种完全肥料，营养元素多呈复杂的有机形态，必须经过微生物的分解，才能被果树吸收、利用。因此其肥效缓慢而持久，一般为2～3年，是一种迟效肥料。有机肥养分含量较低，施用量大，使用时需要较多的劳力和运输力，施用不太方便，因此在积沤时要注意提高质量。有机肥含有大量的腐殖质，对改土培肥有重要作用，除直接提供给土壤大量养分外，还具有活化土壤养分、改善土壤理化性质、促进土壤微生物活动等作用。

（3）有机肥对核桃树生长发育的作用　有机肥所含营养全面而丰富，可促进根系的生长发育，使进枝条的健壮和均衡生长，减少缺素症的发生，全面提高坚果产量和品质，提高核桃树体的抗性。

3. 施肥量

有机肥的施入量没有严格的标准，由于我国的核桃园多数有机质严重缺乏，所以在条件允许的情况下应尽可能多施有机肥，核桃不同树龄时期的需肥量不同，幼龄树需肥量较少，结果后对各种养分的需要相对增加。一般有机肥施肥量为幼树25～50千克/株，初果期树50～100千克/株，盛果期树200～250千克/株，同时每株加入钙镁磷肥3～5千克。至少每隔1年就应施1次基肥。

4. 施肥方法

栽树前定植坑中施底肥时，一定要用腐熟的有机肥并且和表土混合均匀，防止肥料集中，出现烧根现象，若底肥是秸秆，一定要注意秸秆必须腐熟，防止"悬根漏气"，刚栽植的树根系主要靠被动吸水，如果根系与土壤间空隙大，则不能吸收水分，造成树苗死亡。定植后依据树龄大小采用不同的施肥方法。

（1）环沟施肥　即沿树冠外围挖一环状沟进行施肥，一般多用于幼树（图4-2）。施基肥的方法幼树用全环沟，大树用半环沟、扇形坑等均可。幼树施肥沟与深翻扩穴的沟相同，深60～80厘米，宽50厘米。

（2）放射状沟施　即沿树干向外，避开骨干根，开挖数条放射状沟进行施肥，多用于成年大树。一般深30～40厘米，宽50厘米，一株树挖4～6条沟，施肥后及时灌水（图4-3）。

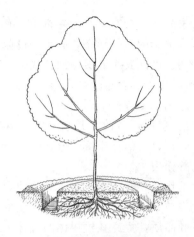

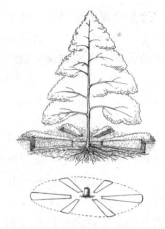

图 4-2　环沟施肥　　　　　　　　图 4-3　放射沟施肥

　　（3）条状沟施肥　适合成行树和矮密果园，沿行间的树冠外围两侧挖沟施肥，此法具有整体性，且适于机械操作。小树第一次开沟时距主干 50 厘米，逐年外移，5 年生以上树在树冠滴水线外沿，沟宽 40 厘米，深 60 厘米，与树行等长，将有机肥和表土混匀后填回沟内，也可以将开沟施肥与树盘撒施的方法隔年交替进行，弥补开沟施肥过于集中的缺点（图 4-4）。

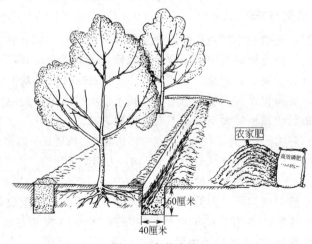

农家肥

高效磷肥
<8%

60厘米

40厘米

图 4-4　条状沟施肥

（4）树盘撒施　2～4年生初结果树，在树冠下撒肥后，翻入土中，深度20厘米左右即可。

（5）全园撒施　树龄较大，根系铺满全园时可全园撒施，将有机肥撒在地表，然后翻入土中，深15～20厘米，及时灌溉。

（6）随水浇施　对灌溉条件较好的核桃园，可将有机肥撒在地表，用锄或耙子浅翻一遍，然后引水漫灌，也可以将肥料放在出水口位置，随水浇施，地稍干时把浮肥翻入土中。

有灌溉条件的核桃园在施有机肥后要立即灌水。如不能浇水，则需要耙地保墒，最好能结合降雨施肥，效果会更好。

二、土壤追肥

由于核桃树各个生育期生长发育不同，所需的养分种类和数量不一样。因此只在每年的秋天施基肥还不能满足要求，还必须在生长季节适时追施肥料，才能补足养分。

1. 追肥种类

核桃追肥的种类多是速效性肥料，如尿素、碳酸氢铵、磷酸二氢钾和氮磷钾复合肥等，现在也有工厂生产的核桃专用肥，效果较好。每年追肥的量要依据树龄大小而定，未结果的幼龄树株施0.3～0.5千克，4～10年的初果期树株施1.0～2.0千克，10年以上盛果期树株施5.0～7.5千克，分2～3次施入。施肥种类要均衡，特别注意追肥不能偏施氮肥，偏施氮肥容易导致树体旺长，枝条多而密，通风透光条件差，难以形成结果枝，且越冬易抽条。

2. 追肥时期

追肥的指导思想是"前促后控"，在核桃的生长季节主要把握好3个追肥关键时期。

（1）萌芽期至开花前（3月底～4月中旬）　萌芽展叶后核桃树的生理活动日益旺盛，生长发育迅速加快，呼吸强度增高，新陈代谢增强，细胞分裂明显加速，需要大量的营养物质，才能使展叶抽梢和开花结果等生理活动顺利进行。所以此时应及时追施速效肥，以速效氮肥为主，可以促进开花坐果和新梢生长，追肥量应占到全年追肥量的50%。

（2）幼果发育期（5月底～6月初）　谢花后补充开花消耗的大量养分，满足幼果生长需要，以氮肥为主，结果树可以配合少量磷、钾肥混合施用，可促进果实发育，减少落果，有利于花芽分化，施肥量占全年追肥量的30%。

（3）硬核期（6月底～7月初）　此时核桃内果皮硬化，核仁发育和花芽分化，都需要大量的磷和钾。如果这次施肥及时，肥量充足，元素协调，既是当年丰产的保证，又是次年丰产的基础，非常重要。以氮、磷、钾三元复合肥为主，主要供给结果树的核仁发育所需的养分，促进枝条充实，保证坚果充实饱满，施肥量占全年追肥量的20%。

8月份以后不能施化肥，特别是不能施氮肥，以控制秋梢生长，有利枝条充实和越冬。

3. 追肥方法

图4-5　穴施追肥

追肥以穴施为宜，在树盘内挖数个施肥坑，直径30厘米，深20厘米，小树挖3～4个，大树挖10多个（图4-5），如果环沟施肥，比穴施效果更好，沟宽20～30厘米，深15～20厘米。有灌溉条件的施肥后要灌水，无灌溉条件时施肥可结合雨期进行。有条件时可进行水肥一体化，肥料随水浇施，在灌溉水中加入合适浓度的肥料一起浇入土壤，此法适合在具有喷、滴灌设施的果园采用，灌溉施肥具有肥料利用率高、肥效快、分布均匀、不伤根、节省劳力等优点，尤其对于追肥来说，水肥一体化代表了果树施肥的发展方向。

施肥是否科学会影响核桃的生长发育，施肥过浅会导致土壤养分在 0～20 厘米表层富集，根系分布层土壤养分含量低。施肥时期不科学，部分地区春天施基肥，或秋天施基肥以化肥为主，或用量较低，追肥盲目追施氮磷钾复合肥，有的施肥未考虑土壤质地，如砂土选鸡粪、牛粪、猪粪等均可，如土壤黏重，则应尽量选牛粪、秸秆等有机肥，通过施肥逐步改良土壤。

三、根外追肥

根系是植物吸收养分的主要器官，栽培管理时应通过改良土壤的结构来促进根系的生长和吸收作用，叶片作为光合作用的器官，其叶面气孔和角质层也有一定的吸收养分的功能，包括枝干等也都有一定的吸收作用，常用的根外追肥方法有叶面喷肥、树干输液、涂干等。

1. 叶面喷肥

钙、镁等中量元素和硫、铁、铜、锌、锰、硼、钼、钡等微量元素，因需要量少，可在 4～8 月份的核桃树生长期，把需要的肥料溶于水中，用喷雾器喷在枝叶上，进行根外追施。叶面喷肥可在开花期、新梢速长期、花芽分化期及果实采收后进行，叶面肥的浓度一般在 0.1%～0.5%，注意有些肥料叶面喷施效果差，浓度过高或时期不合适容易造成药害（表 4-2）。

表 4-2　叶面肥的种类及施用浓度

肥料种类	常用浓度/%	肥料种类	常用浓度/%
尿素	0.3～0.4	磷酸二氢钾	0.3～0.5
硫酸钾	0.2～0.3	硫酸亚铁	0.2～0.4
硼酸	0.03～0.05	硫酸锌	0.5～1.5
硼砂	0.5～0.7	硫酸锰	0.05～0.1
钼酸铵	0.5～1.0	草木灰浸出液	1.0
硫酸铜	0.01～0.02	过磷酸钙浸出液	0.5～1.0

叶面喷肥时一般在上午 10 时以前或下午 4 时以后，避开中午的高温，防止产生药害，阴天时可全天喷施，天气预报有雨时要暂缓喷施，待天晴后再喷。叶面肥可以与大多数的杀虫剂、杀菌剂混合使用，注意喷前要先做试验，防止产生药害。

2. 树干输液

用树干输液的方法也可以补充多数的微量元素，具有操作方便、节约喷药用水、一次打孔后可以多次输液等优点，目前在苹果、枣树上应用较多，核桃树上也可以试用。输液时用专用的输液袋，用电钻在树干距地面 30～50 厘米的位置打直径 5 毫米的孔，在输液袋内灌入营养液，将输液袋挂在上部的树枝上，输液器滴头插入孔中即可，营养液的浓度与叶面喷肥的浓度相同，1～2 天即可输完。

还有用强力注射输液的，通过机械增加压力，将药液尽快注入树干，近年应用较少。

3. 涂干补肥

通过树干涂抹肥液补充肥料也是果树根外追肥的一种方法，目前使用的肥料主要是氨基酸涂干肥，可以在生长季节涂干 3～5 次。先将树干上的粗皮刮去，用刷子蘸氨基酸涂干肥原液涂抹在树干上即可。

第四节　灌溉与排水

灌溉是补充核桃生长发育用水的重要措施，一般灌水要与施肥相结合，可提高肥料利用率，节约水分，干旱地区注意拦蓄雨水集流到树盘中，到了多雨的秋季还应注意排水防涝。

一、灌溉时期

核桃园有灌溉条件的要适时浇水，一般一年浇 4 次水，分别在萌芽期、果实膨大期、硬核期和上冻前，基本上是在施肥后浇水并注意保墒。

（1）萌芽期　核桃芽萌动、抽枝展叶、开花结实，消耗大量水分，春季又是多风少雨季节，地表耗水多，天气干燥少雨，土壤墒情较差，应结合追肥，进行灌水，要尽可能浇好这次萌芽水，否则会直接影响核桃的长势。

（2）果实膨大期 花后 30～40 天，生理落果后，正值新梢速长期，同时也是果实速长和花芽分化的关键时期，应及时灌水，以满足果实发育和枝叶发育对水分的需求，确保核仁饱满，此时灌水对提高当年坚果产量、品质，增加来年混合花芽都有显著作用。

（3）硬核期 此时一般各地都处于雨季，仅靠自然降水就能满足需求，不再需要人工灌溉，如遇天旱缺雨时也必须灌水。

（4）上冻前 10 月下旬至落叶前，可结合秋施基肥灌一次透水，以促进基肥分解，增加冬前体内营养储备，提高幼树的越冬能力，以利于翌春萌芽和开花，对核桃树安全越冬和增加春季土壤墒情都十分有利。

秋季干旱如果不能及时浇水，第二年春天抽条会很严重。注意若秋季干旱时浇冻水应适当提前在 10 月中旬完成，不足 4 年生的幼树浇冻水不要过晚，防止冻害发生。

有灌溉条件的核桃园，在早春 2 月中旬要及时灌溉 1 次，增加土壤水分供给，防止春旱抽条。

二、节水灌溉制度

1. 非充分灌溉

非充分灌溉又称有限灌溉或亏缺灌溉，是针对水资源的紧缺性与用水效率低下的普遍性而提出的一种新的灌溉制度。非充分灌溉广义上可以理解为：灌水量不完全满足果树生长发育全过程需水量的灌溉，就是将有限的水科学合理（非足额）安排在对产量影响较大，并能产生较高经济价值的水分临界期供水，在非水分临界期少供水或不供水。非充分灌溉作为一种新的灌溉制度，不追求单位面积上最高产量，允许一定限度的减产。在水资源有限的地区，建立合理的水量与产量关系模式，通过增加灌溉面积而获得大面积总量的均衡增产，力求在水分利用效率、产量、经济效益三方面达到有效统一。核桃树种植的区域大多是缺水区域，大力推广这种灌溉制度可节约水资源，减少浪费，提高灌溉水的利用率。

2. 调亏灌溉

调亏灌溉是在核桃特定生长阶段（主要是营养生长阶段）主动施加一定的水分胁迫，减少土壤水分供给，可抑制核桃的营养生长，以调节光合产物在核桃不同器官的分配比例。与充分灌溉相比，调亏灌溉具有节水增产作用，既有经济效益，又有生态效益，特别是在水资源短缺或用水成本高的地区，可起到提高果实品质，增加产量，提高水分利用效率的作用。干旱地区的核桃树长期处于水分胁迫的状态，在一定程度上抑制了营养生长，有利于开花结果，特别是在花芽分化关键期要控制水分。

3. 控制性分区交替灌溉

常用的控制性分区交替灌溉是隔行交替灌溉，即第一次灌水时隔一行灌一行，第二次灌上次没有灌溉的行，第三次与第一次灌水区域相同。隔行交替灌溉使根系始终有一部分处于缺水状态，另一部分生长在湿润区域，结果是核桃植株既不缺水，又有适当浓度的根源信号（脱落酸）诱导气孔部分关闭，这能够在不牺牲光合产物积累的前提下，大量减少核桃奢侈的蒸腾失水，同时也会减少全园充分灌溉时的无效蒸腾和蒸发。另外干旱后增加水分会刺激根系补偿生长，会有大量新根再生，新生根可以合成大量细胞分裂素并能够输送到地上部，这对于促进花芽分化有重要意义。交替灌溉是一种比较容易操作的灌溉制度，不需要添加专用的管道，成本较低，果农容易接受，在很多地方仍在进行地面灌溉的条件下实施隔行交替灌溉，既可减少灌溉用水，又能提高树体抗性。

三、节水灌溉方式

1. 地面灌溉

地面灌溉是投资最少的一种灌溉方式。地面灌溉有以下 4 种方式。

（1）树盘灌溉　以树干为中心，在树冠投影范围整成圆形或长条形树盘，作渠引水，大水漫灌，逐棵进行（图 4-6）。

（2）沟灌　在核桃树行间距主干 40～50 厘米至树冠外围顺树

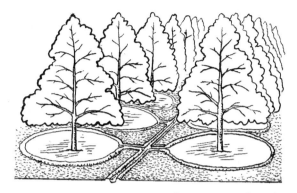

图 4-6　树盘灌溉

行两侧各开 2 条深 20 厘米左右的灌溉沟，灌水时只在沟内进行，树小时可开 1 条沟，灌溉沟的位置可结合秋季施肥和深翻时逐年轮换，4～5 年轮换一遍，再从头开始，可节水 50%（图 4-7）。

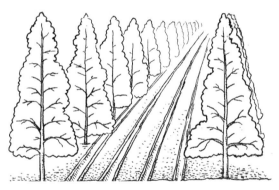

图 4-7　沟灌

（3）行间交替灌溉　核桃树盛果期的大树以树干为中心顺树行纵向打土埂，将树盘分割成长条形的灌溉区，实行隔行交替灌溉，初果期或幼树将树盘划分为左右 2 个区，交替灌溉。根据不同生育期需水量的不同，盛果期的树在萌芽期、花后和采收后采用半区灌溉，果实迅速膨大期用全区灌溉，可节水 37%。

（4）局部交替灌溉　根据核桃树的年龄和冠幅大小，在根系的主要分布区设置 4～6 个局部灌溉区，灌溉区之间用土埂隔开，进行多点局部灌溉，局部交替灌溉的灌水量比行间交替灌溉更少，可节水 50％～60％。

2. 滴灌

滴灌是按照核桃树需水要求，通过管道系统和滴头将水缓慢、均匀、准确地直接输送到根部附近的土壤表面，浸润到根系最发达的区域，可使土壤保持最佳的含水状态，满足核桃树需水要求。滴灌具有省水、省工等优点，达到提高产量、增加经济效益的目的。缺陷是滴灌的投入高，滴头容易堵塞。

（1）环管地表滴灌　采用管径为 16 毫米的滴灌毛管，滴头间距 30 厘米，滴头流量 3.2 升/小时，环绕树干一周，直径为 1 米左右。可根据树体大小确定环管的直径，将滴灌带布置在根系集中分布区，比传统直管滴灌的水分利用率更高（图 4-8）。

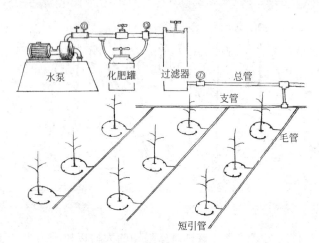

图 4-8　环管地表滴灌

（2）膜下滴灌　在核桃树树盘内铺设滴灌管，然后再覆盖地膜、地布等，可有效减少地面水分蒸发损耗，提高水分利用率。膜下滴灌的平均用水量是传统灌溉用水量的 1/8，是喷灌用水量的 1/2，是露地滴灌用水量的 70％。

3. 喷灌

（1）树冠喷灌 一般的喷灌设施用较大射程的旋转喷头，由水泵提供动力，将水均匀喷洒到树冠上（图4-9），具有节水、不破坏土壤结构，可调节局部气候以及不受地形限制等优点，但喷灌投资较高，能耗较大。

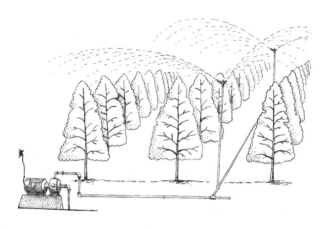

图 4-9 树冠喷灌

（2）树冠微喷灌 每行核桃树布置1条输水毛管，用钢丝固定，微喷头安装在距树冠上0.2米处，使水直接喷在树冠叶片上，然后再淋滴到土壤中，可节水52.1%。

（3）树下微喷灌 沿核桃树树行一侧布置一条输水毛管，管径为16毫米，在正对每棵树树干1米处布置1个射程2米，流量为40升/小时的旋转微喷头，使水均匀喷在核桃树周围的土壤中，可节水49.5%（图4-10）。

4. 小管出流

小管出流是一种新型的具有广泛应用前景的节水灌溉方式，也称为涌泉灌。采用4毫米毛管代替滴头和喷头，出水断面大，抗堵塞能力强，对水质要求低，工作压力小，适用范围广，小管出流比地面灌溉节水60%，比喷灌省水15%～25%（图4-11）。

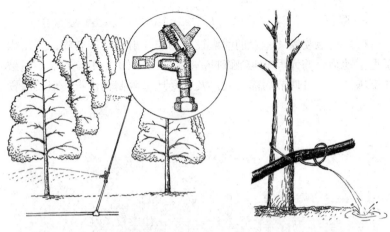

图 4-10　树下微喷灌　　　　　图 4-11　小管出流

5. 控水袋

使用专用的控水袋和控水滴头，可控制水的流出量，可在数十天至上百天的时间内持续向土壤根系供应水分，减少水分的蒸发和渗漏，是一种非常有效的节水措施（图 4-12）。

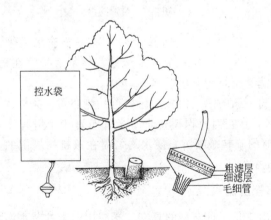

粗滤层
细滤层
毛细管

图 4-12　控水袋

6. 其他节水措施

（1）集雨沟　以树行为中心做成高垄，覆盖地膜，在树冠外沿开集雨沟，可以将雨水积蓄于沟中，将无效降雨集中起来变成有效降雨供根系吸收，同时覆盖物减少地面蒸发，有效节约水分（图4-13）。

图4-13 集雨沟

（2）秸秆覆盖 春季在核桃树树行内覆盖20厘米厚的小麦秸秆，秸秆以切成3～5厘米的碎段为好，覆盖范围大于树冠外缘30厘米左右，并零星覆盖少许土块以防大风吹走秸秆，也可以用玉米、大豆、绿肥、蘑菇渣等代替小麦秸秆，各地可根据实际情况选择覆盖材料（图4-14）。

图4-14 秸秆覆盖

（3）穴储肥水　在核桃树树冠滴水线内对称挖 4～8 个灌水穴，穴深 40 厘米，直径 20～30 厘米，穴内施入有机肥，也可将杂草、秸秆等束把放入，穴口用地膜覆盖，使地膜四周高中间低，中间留一小孔，便于集聚雨水或人工补充水分（图 4-15）。

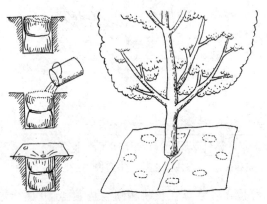

图 4-15　穴储肥水

（4）树下积雪（冰）　冬季降雪后将雪、冰块等堆积至树盘内，一方面可以增加土壤温度，另一方面在春季积雪融化后，可增加土壤的水分含量（图 4-16），是干旱地区增加土壤水分含量的有效措施，对缓解春季干旱有重要作用。

四、果园排水

核桃是深根性树种，抗旱不耐涝，对地表积水、地下水位过高和黏土地均很敏感，雨季要注意及时排水，不要让园内过长时间积水，如果根部缺氧时间过长，影响根系的正常呼吸，叶片萎蔫变黄，易得根腐病，会造成烂根，严重时整株死亡。此外地下水位过高会阻碍根系向下伸展，因此低洼易涝地不能栽植核桃树，对于肥力不足土壤黏重地块可起高垄栽植，多施有机肥改良土壤物理特性，提高土壤肥力，促进土壤微生物活动，开春后及时中耕疏松土壤，增加土壤透气性。根本措施是要构筑果园的排灌水系统，使果园旱能灌，涝能排，使果园水分在一个合理的范围之内，促进树体的生长发育，开花结果。

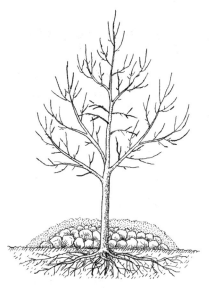

图 4-16　树下积雪（冰）

第五章
核桃花果管理

核桃树花果管理是核桃树体管理的核心内容之一，包括保花保果、果实采收及采后处理等内容，只有经过合理的花果管理，才能获得丰产丰收。

第一节　保花保果

一、防止晚霜

核桃花期不耐低温，萌芽期至雌花期易受晚霜危害，近年来春季晚霜危害使核桃产业受到巨大损失，因此选择耐晚霜的品种成为重要的育种目标，生产中可以选择晋丰、寒丰等晚开花品种，另外早实核桃有腋花芽结果特性，可以适当短截，剪去顶花芽，腋花芽开花较晚，可以减少晚霜危害。

生产中用熏烟、灌水、涂白等措施也有一定的减缓晚霜危害的效果，但成本较高，作用有限，实施起来有一定的局限性。

二、疏除雄花芽

核桃雄花芽一般位于1年生枝条的下部几节，雄花芽为裸芽，雄花序为荑黄花序，雄花量特别大，尤其是大树，雄花序伸长过程中需要消耗大量的营养，人工疏雄可减少树体水分、养分的消耗，提高坐果率、增加产量，有利于植株的生长发育，是一项逆向施肥灌水技术，采取人工去雄和辅助授粉，一般可提高产量 30％～40％。疏雄的时期以 3 月下旬至 4 月上旬为宜，以雄花膨大至 1～2 厘米时为好，太早不容易操作，太晚浪费养分。疏雄的方法是用手抹除膨大的雄花芽，结合修剪用带钩木杆，将枝条拉下用手掰除雄花芽，疏除量为全树的 70％～90％，大树可以疏掉 90％～95％，主栽品种多疏，授粉品种少疏，在一个树冠内疏树冠内部、下部的雄花，留树冠上部、外围的雄花，对于混合花芽较多、雄花芽较少或很少的植株，则应少疏或不疏雄花。另外在冬季修剪时，可以将只有顶芽是叶芽的雄花枝剪掉。密植园可以将树冠 1.5 米以下的雄花序全部去除，即可达到自然授粉的目的。

化学去雄可提高疏雄工效，是人们一直在重点研究的内容，山西省农业科学院果树研究所对此有较深的研究，用 1550～1570 毫克/千克的甲哌锇与 121～123 毫克/千克的乙烯利配合使用，喷施时期为雄花序萌动到伸长期（山西中部地区在 4 月上旬），将药剂均匀喷雾于雄花序上，用药后 24～100 小时内雄花序大量脱落，脱落率可达 80％以上。

三、人工授粉

核桃是雌雄异熟风媒传粉的树种，自然授粉坐果率低，落花落果可达 30％～50％，在核桃盛花期进行人工辅助授粉可提高核桃坐果率 10％～30％，所以为保证丰产稳产要进行人工授粉。

1. 花粉采集

采集将要散粉或者刚刚开始散粉的雄花序，放到干燥的室内，平铺在干净的报纸上 1～2 层，阴干，在 20～25℃的条件下，隔几个小时翻动一下，经过 24～48 小时即可散粉。用家庭筛面粉的筛子过筛，收集黄色的花粉放在干燥的玻璃瓶中，常用的是青霉素瓶、广口瓶或罐头瓶，封紧瓶口，放入冰箱冷藏室（4℃），可保存 10 天左右。花粉在自然条件下的寿命只有 2～3 天，刚散出的花粉生活力高达 90％，放置一天后降至 70％，在室内 6 天后全部失活，在冰箱冷藏 12 天后生活力下降到 20％以下。

2. 授粉的适宜时期

当雌花柱头开裂并呈"倒八字"形，柱头突起，分泌大量黏液，且具有油亮光泽时为最佳授粉时期，雌花适宜的授粉期只有2～3天，要随时观察，尽快授粉。

授粉以没有露水的晴天最好，时间以上午9～11时，下午3～5时给雌花授粉效果最佳，注意单花授粉数量不可太大，因为核桃雌花对大量花粉敏感。

3. 人工辅助授粉的方法

人工辅助授粉的方法有很多，可根据实际情况选择合适的方法。

（1）喷液法　将采集到的雄花粉配成0.02%悬浮液，用喷雾器喷洒，要随配随用，配好的花粉液不能长期保存。可在液体中加入0.2%～0.3%的硼砂，增加授粉效果。

（2）喷粉法　将花粉与滑石粉、面粉、淀粉等按1:（8～10）的比例配制，然后用喷粉器授粉。

（3）抖授法　将花粉用滑石粉稀释3～5倍，放入3层纱布袋中，绑在竹竿上，在被授粉树上方人工抖动完成授粉。抖授时也可直接把正在散粉的雄花序装入纱布口袋授粉。

（4）挂雄花枝　将剪下的即将散粉雄花枝直接挂在被授粉树上让其自然散粉，完成授粉。

（5）点授法　用干净的毛笔、带橡皮头的铅笔等蘸上纯花粉直接点授。

另外，花期喷0.2%～0.3%的硼砂（或硼酸）有利于花粉管的伸长，有利于坐果，花期喷洒尿素（0.3%～0.5%）、磷酸二氢钾（0.3%～0.5%）等都可以提高坐果率。

四、疏花疏果

核桃疏花疏果可节约养分，增大果个，疏果的时间在生理落果后，一般在雌花受精后20～30天，即幼果直径1～1.5厘米时进行。小树、弱树要多疏，早实核桃小树栽后头3年内不留果，以尽快扩大树冠，增加结果部位。疏果仅限于坐果率高的早实核桃品种，晚实类型核桃结果少，一般不进行疏果。

疏果时直接用手将幼果掰掉即可，一般疏弱枝上的果，强枝上要多留果。疏果时核桃大树的标准是每平方米树冠投影面积留60～100个果实。针对早实型核桃小树的疏果标准还没有详细的研究，而且这个标准实际操作时比较困难，需要尽快仿照苹果建立距离留果法的疏果标准。

第二节　果实采收与处理

一、果实采收

1. 适宜采收期

核桃坚果适宜的采收期大多数是在 24 节气中的"白露"以后，一般是 9 月上中旬，此时青果皮由绿变黄，有部分果实顶部出现裂缝，青皮易剥离，内部种仁饱满，幼胚成熟，子叶变硬，风味浓香。要按不同品种分期分批采收，采完一个品种再采另一个品种，不要所有品种一齐采收，早熟品种与晚熟品种成熟期可相差 10～25 天。需要注意种仁发育不良的果实会提前"成熟"，果皮开裂，种子落地，基本上为瘪仁。

目前核桃生产中普遍存在早采现象，严重影响产量和品质。若提前采收，不仅影响产量，而且品质急剧下降，同一品种提前采收 15 天，坚果单粒重降低 4.4%，仁重降低 17.5%，出仁率降低 9.7%，而且采收过早时青皮不易剥离、种仁不饱满、出仁率和出油率低，且不耐储藏。为提高产量和品质，应严禁早采，加强宣传，必要时采取行政手段干预。

同样，采收过晚时果实易脱落，被鸟兽吃掉，青皮开裂后坚果停留在树上的时间过长，会增加受霉菌感染的机会，导致坚果品质下降，采收过晚的果实不容易清洗，壳面发暗、发黑。但是如果是用作种子育苗时应当适当晚采，让种子充分成熟。

2. 采收方法

核桃传统的采收方法是用竹竿或带弹性的长木杆击打较细的分枝，使果实落地后人工捡拾，这仍然是目前最主要的采收方法。竹竿击打的正确方法是由上至下，由内到外。顺枝条生长方向敲打，可减少伤枝。一般要提前将树下清耕，或者铺上塑料布，方便捡拾落地的核桃。此法成本低，但往往由于枝叶遮挡，采收不净，也容易打折枝干，影响第二年结果。荒坡地的核桃树下杂草多，很难捡拾干净，采收前应事先清除杂草。

对于矮化密植的纸壳类核桃，应直接用手采摘，防止果实掉落时青皮受伤，污染核壳，但人工手采成本较高。上树采摘时需用果梯或果凳，果梯以三腿梯为好，比较稳定，且容易靠近树冠，果凳要比家庭用的凳子长一些、高一些，方便上下树。

国外常用机械振动法采收核桃，采收前 10～20 天，在树上喷洒浓度为 500～2000 毫克/千克的乙烯利催熟，用振动落果机使核桃振落到地面，再由清扫集条机将地面的核桃集中成条，最后由捡拾清选机捡拾并简单清选后装箱。此法的优点是青皮容易剥离、果面污染轻，但用乙烯利催熟，往往会造成叶片大量早期脱落而削弱树势，另外还容易使芽当年萌发并影响下年产量和树体安全过冬。目前此方法国内运用较少。

二、脱除青皮

核桃采收后应及时脱除青皮，防止青皮腐烂污染核壳，一般的脱除核桃青皮的方法有堆沤脱皮法、乙烯利催熟脱皮法及机械脱皮法等。

1. 堆沤脱皮法

堆沤法是我国传统的脱青皮方法，果实采收后及时运到室外阴凉处或室内，切忌在阳光下暴晒，然后按 50 厘米左右的厚度堆积，上面覆盖一层塑料布，在塑料布外面盖上厚 10 厘米左右的新鲜杂草，或者不盖塑料布，直接盖杂草。覆盖可提高堆内温度和湿度，有利于乙烯积累，促进果实后熟，加快离皮速度。一般堆沤 3～5 天，当青果皮离壳达 50％以上时，即可用木棒敲击脱皮。对部分难以脱皮的可再堆沤数日，直到全部脱皮为止。注意堆沤后适时脱青皮，切勿使青皮变黑或腐烂，以免污染种壳和种仁，降低核桃坚果的品质与商品价值。

2. 乙烯利催熟脱皮法

堆沤脱青皮法存在耗费时间长，工作效率低，果实污染率高等缺点，现在推广乙烯利催熟脱皮法。将青皮核桃在 2000 倍（3000～5000 毫克/千克）的乙烯利溶液中浸泡 0.5 分钟，捞出后堆积 50 厘米厚，盖上塑料布，在温度 30℃、相对湿度 80％～95％的条件下，经 5 天左右，离皮率可高达 95％以上。据测定，这种脱皮法的一级果率比堆沤法多 52％，果仁变质率下降到 1.3％，且果面洁净美观。

还有一种乙烯利催熟的方法是将核桃堆积后，用喷雾器将配好的乙烯利溶液喷洒在核桃上，再覆盖塑料布、杂草，脱青皮的效果也很好。乙烯利催熟时间的长短与用药液的浓度、果实成熟度有关，果实成熟度高，则用药液的浓度低，催熟时间短。

3. 机械脱皮法

现在有多种核桃脱青皮清洗机械，带青皮的核桃送入脱皮机后，由旋转刀片将青皮削掉，少量未削净的青皮由钢丝刷清除，紧接着自动用水漂洗干净。若核桃青皮水分含量少，果仁皱缩，需要的揉搓力大，则很容易在脱青皮时损伤果壳，因此用机械脱皮法脱除核桃青皮时，必须在采收后的 1～2 天内脱除。机械脱青皮法加工效率高，坚果外观好，是将来发展的方向。

三、坚果漂洗

脱青皮后的坚果表面常有烂皮和污物附着，为提高坚果的外观品质常用清水冲洗。冲洗时可把核桃放在水盆中，用竹扫帚搅洗，可换水清洗 2～3 次，也可以将脱皮的坚果装筐，连筐放入水池或流动的水中漂洗。洗涤时间宜短，每次 5 分钟左右，以免脏水渗入壳内污染果仁，缝合线松或露仁的坚果在漂洗过程中容易进水，最后导致核桃在储藏过程中发霉。采用机械清洗，其工效是人工清洗的 3～4 倍，核桃成品率也会提高 10% 左右，在使用脱青皮清洗机脱皮的同时可完成漂洗工作。

果农常用漂白药剂漂白坚果，使其外观光滑白净，但漂白药剂的主要成分是次氯酸钠，对人体有害，现在许多地方已经禁止漂白核桃，只用清水漂洗即可。作种子用的坚果脱皮后不能洗涤和漂白，应直接晾干后储藏备用。

四、坚果干燥

核桃坚果脱除青皮后要先干燥后才能长期保存。坚果干燥的方法有自然晾晒法和机械烘干法两种。

1. 自然晾晒法

坚果洗好后应先在竹箔或高粱秸箔上阴干半天，待部分水分蒸发后再摊放在露天的箔上晾晒，晾晒时厚度不应超过两层，过厚则容易发热，果仁变质，也不容易干燥。晾晒时要经常翻动，要避免雨淋和夜间受潮，一般经 5～7 天即可晾干。

注意用作播种的种子不能暴晒，否则会降低发芽率。

2. 机械烘干法

北方核桃成熟期正值雨季，如不及时进行晒干处理，就会导致核桃仁色发黑、霉变，影响消费者的选择和核桃价格。可以用火炕或烘干机械烘干核桃。机械烘干法与自然晾晒法相比，机械干制的设备及安装费用较高，操作技术比较复杂，成本也高。但是机械干制具有自然晾晒无可比拟的优越性，它是核桃坚果干制的发展方向。

判断核桃干燥的标准是坚果壳面光滑、洁净，碰敲声音脆响，隔膜容易用手捏碎，种仁皮色由乳白色变为淡黄褐色，种仁的含水率不超过 8%。

带青皮的核桃果实含水量高，脱去青皮后可减少 55%～60%

的重量，坚果晒干后会再减少一半，干核桃的出仁率一般在50%左右，因此最后带壳核桃重量为青皮核桃的20%左右，而核桃仁重量仅为青皮核桃的10%左右。

五、坚果分级

目前农户销售的核桃以坚果销售为主，市场上也是以坚果为主，核桃仁主要用于出口，国内市场基本上不分级，甚至品种都不分，有的按大小、壳厚薄、取仁难易等进行简单的分类。从商品流通的角度考虑，品种化、分级销售是发展的方向。

1. 坚果分级

核桃坚果分级标准按中华人民共和国国家标准《核桃坚果质量等级》（GB/T 20398—2006）执行（表5-1），分为特级、一级、二级和三级4个级别，一般由加工企业完成，农户很少进行分级。

表5-1 核桃坚果质量规格分级指标

项目		特级	一级	二级	三级
基本要求		坚果充分成熟，壳面洁净，无露仁、虫蛀、出油、霉变、异味等果，无杂质，未经有害化学漂白处理			
感官指标	果形	大小均匀，形状一致	基本一致	基本一致	—
	外壳	自然黄白色	自然黄白色	自然黄白色	自然黄白色或黄褐色
	种仁	饱满，色黄白，涩味淡	饱满，色黄白，涩味淡	较饱满，色黄白，涩味淡	较饱满，色黄白或浅琥珀色，稍涩
物理指标	横径/mm	≥30.0	≥30.0	≥28.0	≥26.0
	平均果重/g	≥12.0	≥12.0	≥10.0	≥8.0
	取仁难易度	易取整仁	易取整仁	易取半仁	易取1/4仁
	出仁率/%	≥53.0	≥48.0	≥43.0	≥38.0
	空壳果率/%	≤1.0	≤2.0	≤2.0	≤3.0
	破损果率/%	≤0.1	≤0.1	≤0.2	≤0.3
	黑斑果率/%	0	≤0.1	≤0.2	≤0.3
	含水率/%	≤8.0	≤8.0	≤8.0	≤8.0
化学指标	脂肪含量/%	≥65.0	≥65.0	≥60.0	≥60.0
	蛋白质含量/%	≥14.0	≥14.0	≥12.0	≥10.0

2. 核仁分级

根据核桃仁的颜色和完整程度，将核桃仁分为 8 个等级，行业术语将核仁的级别称为"路"，分级的关键是核仁的颜色，其次是完整程度。在核桃仁分级时，除注意核仁大小和颜色外，还要求核仁干燥、肥厚、饱满、无虫蛀、无发霉变质、无异味、无杂质。

白头路：1/2 仁，淡黄色；

白二路：1/4 仁，淡黄色；

白三路：1/8 仁，淡黄色；

浅头路：1/2 仁，浅琥珀色；

浅二路：1/4 仁，浅琥珀色；

浅三路：1/8 仁，浅琥珀色；

混四路：碎仁，核仁色浅且均匀；

深三路：碎仁，核仁深色。

中华人民共和国林业行业标准《核桃仁》（LY/1922—2010）将核桃仁分为四等八级（表 5-2）。

表 5-2　核桃仁质量规格分级指标

等级		规格	不完善仁 /%≤	杂质 /%≤	不符合本等级仁允许量 /%≤	异色仁允许量 /%≤
一等	一级	半仁,淡黄	0.5	0.05	总量 8,其中碎仁 1	10
	二级	半仁,浅琥珀	1.0	0.05		10
二等	一级	四分仁,淡黄	1.0	0.05	大三角仁及碎仁总量 30,其中碎仁 5	10
	二级	四分仁,浅琥珀	1.0	0.05		10
三等	一级	碎仁,淡黄	2.0	0.05	ϕ10mm 圆孔筛下仁总量 30,其中 ϕ8mm 圆孔筛下 3,四分仁 5	15
	二级	碎仁,浅琥珀	2.0	0.05		15
四等	一级	碎仁,琥珀	3.0	0.05	ϕ8mm 圆孔筛上仁 5, ϕ2mm 圆筛下仁 3	15
	二级	米仁,淡黄	2.0	0.20		—

六、坚果储藏

核桃的储藏场所宜选择冷凉、干燥、无鼠害的地方，将分级后的坚果用干燥、结实、清洁的编织袋包装，果壳薄于 1 毫米的核桃可用纸箱或塑料周转箱包装，防止挤压。在运输过程中，应防止雨淋、污染和剧烈的碰撞。核桃在自然条件下仅可储藏 10 个月，有条件的可在冷库中储藏，储藏温度为 0～4℃，储藏期间注意通风降温，可保存 1～2 年，但要注意核桃在温度高、湿度大时容易造成酸败（俗称哈喇）。

核桃仁恒温储藏库要求温度 −1～5℃，相对湿度 55%～60%，少量的也可常温储藏，应注意防鼠防虫，且不能混储。

绝大多数的核桃是以带壳核桃或核桃仁的形式销售的，核桃常见的加工产品包括罐头类食品、糖果制品、糕点制品、炒货制品、饮料食品、乳制品、核桃油等。另外有极少部分是带青皮销售的，因为青皮核桃特殊的风味，受到许多人的追捧，有一定的市场潜力，但青皮核桃极不耐储藏，使这一销售形式受到很大的季节限制，且核桃青皮酚类物质含量比较高，食用时容易污染手指，需要选择专门的青皮不污染手指、耐储藏的鲜食核桃品种。

第六章
核桃主要病虫害
及防治

据统计，我国核桃病害有30多种，虫害有20~30种，病虫害大量发生时严重影响核桃的生长和结果。常见和为害较严重的病害有核桃炭疽病、核桃细菌性黑斑病、核桃腐烂病、核桃溃疡病、核桃白粉病、核桃枝枯病、核桃褐斑病等；虫害有核桃举肢蛾、金龟子类、刺蛾类、山楂叶螨、云斑天牛、大青叶蝉等。认识病害的外部特征，识别虫害种类，了解病虫害发生的规律是进行病虫害防治的基础，只有平时注意观察，多看资料才能很好地认识病虫害，采取相应的防治措施。

第一节　核桃主要病害

核桃的病害大部分属于真菌性病害，但核桃细菌性黑斑病、核桃根癌病属于细菌性病害，缺素症、日灼病等属于生理性病害，依据病害危害的主要部位不同，可以划分为果实病害（核桃黑斑病、核桃炭疽病、核桃日灼病等）、叶部病害（核桃褐斑病、核桃白粉病、核桃灰斑病、核桃缺素病等）、枝干病害（核桃腐烂病、核桃溃疡病、核桃枝枯病等）、根部病害（白绢病、核桃根朽病、核桃根癌病等），也有的病害会侵染不同的部位，有的病害会协同侵染，有的病害与虫害一起发生。对核桃生产影响比较大的病害有核桃黑斑病、核桃炭疽病、核桃腐烂病、核桃根腐病等，不同核桃产区的病害种类也不相同，各地要根据田间病害调查和历年经验确定防治重点。

一、核桃腐烂病

1. 症状

核桃腐烂病又名黑水病，主要为害枝干树皮，因树龄和感病部位不同，其病害症状也不同，大树主干感病后，病斑初期隐藏在皮层内，俗称"湿囊皮"。病斑沿树干纵横方向发展，后期病斑皮层纵向开裂，流出大量黑水，有酒糟味，当病斑环绕树干一周时，导致幼树侧枝或全株枯死。枝条受害主要发生在营养枝或2~3年生的侧枝上，感病部位逐渐失去绿色，皮层与木质剥离迅速失水，皮下密生小黑点，整枝干枯。另一种是从剪锯口产生明显病斑，沿枝梢向下蔓延。

2. 病害发生规律

核桃腐烂病在河南、山西、山东、四川等地均有发生。病菌在病部越冬，翌春树液流动后，遇有适宜发病条件，产出分生孢子，分生孢子通过风雨或昆虫传播，从嫁接口、剪锯口、伤口等处侵入，病害发生后逐渐扩展，直到越冬前才停止。生长期内可发生多次侵染。春秋两季为一年的发病高峰期，特别是在4月中旬至5月下旬危害最重。一般管理粗放，土层瘠薄，排水不良，肥水不足，树势衰弱或遭受冻害及盐碱害的核桃树易感染此病。

3. 防治方法

（1）加强树体管理，增强抵抗能力，减少病原。

（2）发芽前全树喷5波美度石硫合剂，预防染病。

（3）刮治病斑。早春病斑容易识别时集中刮治，平时发现病斑随时刮治，做到"刮早、刮小、刮了"，刮口应光滑，平整，最好刮成菱形，以利愈合，病疤刮除范围应超出变色坏死组织1厘米左右，切口垂直。刮下的病屑应收集烧毁，严禁留在地里，造成二次传染。伤口及时涂抹防治腐烂病的药剂。

（4）采收后结合修剪剪除病虫枝，刮除病皮，收集烧毁，减少病菌侵染源，冬季树干涂白，预防冻害、虫害引起的腐烂病。

（5）药剂防治。用溃腐灵原液或 5 倍液均匀涂抹病斑处，或者用腐殖酸铜、4～6 波美度的石硫合剂等涂抹发病部位，大的病斑可先刮治后涂抹药剂。

（6）桥接，当腐烂病发生严重，干周的 1/3 都腐烂时就需要进行桥接补救。可以利用病疤下方的萌蘖枝进行嫁接，核桃树一般无根蘖，主干腐烂时一般需要在病株旁边补栽小苗后嫁接。

二、核桃褐斑病

1. 症状

核桃褐斑病为一种真菌性病害，主要危害叶片，其次危害果实及嫩梢，引起早期落叶、枯梢，影响树木生长。果实和叶片上的病斑灰褐色，近圆形或不规则形，严重时病斑连接，致使早期落叶。果实上的病斑较叶片病斑小，凹陷，病斑扩展连成片后变黑腐烂，称为"核桃黑"。嫩梢上病斑黑褐色，长椭圆形，稍凹陷，中间有纵裂纹，严重时梢枯。对幼苗危害从顶梢嫩叶开始，并扩散至整株。

2. 病害发生规律

病菌以菌丝、分生孢子在病叶或病梢上越冬，翌年 6 月，分生孢子借风雨传播，从叶片侵入，发病后病部又形成分生孢子进行多次再侵染，7～9 月进入发病盛期，雨水多、高温高湿条件有利于该病的流行。苗木受害后常造成枯梢。

3. 防治方法

（1）结合修剪，清除病枝，收拾枯枝病果，集中烧毁或深埋，消灭越冬病菌，减少侵染病源。

（2）药剂防治。核桃发芽前喷一次 5 波美度石硫合剂；萌芽后展叶前喷 1：0.5：200（硫酸铜：生石灰：水）的波尔多液；在 5～6 月发病期，用 50％甲基托布津可湿性粉剂 800 倍液防治，效果较好。

三、核桃细菌性黑斑病

1. 症状

核桃细菌性黑斑病的病原为细菌，主要为害果实、叶片、嫩梢和枝条。一般植株被害率达 70％～90％，果实被害率 10％～40％，造成果实变黑、腐烂、早落，核桃仁干瘪，出仁率和含油量均降低。

果实受害后绿色的果皮上产生黑褐色油渍状小斑点，逐步扩大成圆形或不规则形，无明显边缘，严重时病斑凹陷，深入核壳，全果变黑腐烂，常称之为"核桃黑"，病果早落，核仁干瘪。叶片被侵染后，叶正面病斑褐色，背面病斑淡褐色，油光发亮，病斑外围呈半透明黄色晕环，严重时病斑相连成片，叶片皱缩、枯焦，提早脱落。嫩梢受害时在嫩梢上出现长形、褐色并略有凹陷的病斑，当病斑扩展并绕枝干一周时，病斑以上枝条枯死，造成干梢，叶落。湿度大时，病果、病枝流出白色黏液，是识别该病的最主要的特征。

2. 病害发生规律

病原细菌在残留病果、病叶、芽鳞等组织越冬，第二年 5 月中下旬开始侵染，借风雨、昆虫等传播到果实或叶片上，从伤口或气孔、皮孔侵入。病菌也可随花粉传播，常随核桃举肢蛾的发生而发病。夏季多雨或天气潮湿有利于病菌侵染，栽植密度大、树冠郁闭、通风透光不良的果园发病重。核桃花期极易染病，夏季多雨发病重，在足够的湿度条件下，温度在 4～30℃ 范围内都可侵染叶片，在 5～27℃ 时可侵染果实，潜育期在不同部位也有差异，果实上为 5～34 天，叶片上为 8～18 天。核桃举肢蛾为害造成的伤口易遭该病菌侵染。

3. 防治方法

（1）核桃楸较抗黑斑病，可用核桃楸嫁接普通核桃。晚实品种抗病性强，早实品种抗病性弱。

（2）清除菌源，剪除病枝和病果，捡拾落果集中烧毁，减少菌原基数。

（3）增施肥料，促使树体健壮，提高抗病力。合理修剪，减少密闭，改善通风透光条件，降低病害发生。

（4）及时防治核桃举肢蛾等害虫，减少伤口和传播媒介。剪锯口、病虫害伤口要及时涂抹愈合剂，防止病菌侵入，雨水污染。

（5）药剂防治。发芽前喷 3～5 波美度石硫合剂 1 次。5～8 月发病期用农用链霉素、新植霉素、琥胶肥酸铜等进行喷雾防治。萌芽后展叶前喷 1：2：200 的波尔多液，保护树体，开花前、开花后、幼果期、果实速长期各喷 1 次 1：0.5：200 波尔多液、25％代森锰锌可湿性粉剂 600 倍液，如喷 5％阿维菌素 5000 倍液＋45％大生 M-45 可湿性粉剂 600 倍液＋0.5％尿素混合喷雾，可病、虫兼治，还能起到叶面追肥的作用，防治效果较好。

四、核桃炭疽病

1. 症状

核桃炭疽病是一种真菌性病害，主要危害果实，叶片、芽和嫩梢上亦偶有发生。一般果实受害率达到 20％～40％，严重时可达到 95％以上，引起果实早落，核仁干瘪，大大降低产量和品质。

果实受害后，病斑近圆形，开始为褐色，后变成黑色，中央下陷，病斑上有许多褐色至黑色点状突起，有时呈同心轮纹状排列，湿度大时病斑上有粉红色突起。一个病果有一至十多个病斑，病斑扩大或连片，可导致全果发黑腐烂或早落。病果种仁干瘪，产量和品质大为降低。叶上病斑较少发生，病斑近圆形或不规则形，黄褐色，有的病斑沿叶缘扩展，有的沿主侧脉两侧呈长条状扩展，发病严重时引起全叶枯黄。苗木和幼树、芽及嫩枝感病后，常从顶端向下枯萎，叶片呈烧焦状脱落。枝干受害后出现长条病斑，病斑以上枝条枯死，枯枝表面上出现馒头状子实体。

2. 病害发生规律

病菌以菌丝、分生孢子在病果、病叶或芽鳞中越冬，第二年分生孢子借雨水溅射传播，从伤口和自然孔口侵入，一般幼果期容易侵染，且可多次再侵染。一般发病多为6~8月，降雨多、湿度大、通风透光不良时易发病。核桃炭疽病发病早晚和严重程度与降雨早晚和雨量大小有密切关系，如前期雨量大、降雨早、雨多则发病早而严重，反之则发病晚而轻。新疆核桃品种容易感病，尤其是阿克苏、库车产薄壳类型核桃特别易感病，晚实型比早实型抗病。举肢蛾发生多的地区，发病亦重。

3. 防治方法

（1）选栽抗病品种，增施有机肥，增强树势，提高抗病力。

（2）栽植时株行距不宜过密，使其通风透光良好。

（3）冬季清除病果、病叶，集中烧毁或深埋，减少病原，6~7月及时摘除病果。

（4）药剂防治。发芽前用3~5波美度石硫合剂；开花后发病前用1:2:200波尔多液或50%退菌特600~1000倍液，幼果期为防治关键时期；发病期还可用多·福·锰锌1000~1500倍液＋皮胶0.03%、2%农抗120水剂200倍液、50%甲基托布津800~1000倍液、50%多菌灵可湿性粉剂800~1000倍液；麦熟前后喷1:（4~5）:200波尔多液；多雨季节每隔10~15天喷药一次，在雨后喷600~800倍的福星等杀菌剂＋80%代森锰锌等保护性杀菌剂。

五、核桃枝枯病

1. 症状

核桃枝枯病是一种真菌性病害，主要危害核桃树枝干，尤其是1~2年生枝条易受害，一般发病率在20%左右。

枝条染病时先侵入嫩枝顶梢，后向下蔓延至多年生枝和主干，造成枝干枯干。枝条皮层初呈暗灰褐色，后变成浅红褐色或深灰色。染病枝条上的叶片逐渐变黄后脱落，枝条枯死，严重时可造成大量枝条枯死，对产量影响较大。

2. 病害发生规律

病菌以菌丝体和分生孢子盘在病部越冬，翌春条件适宜时产生分生孢子，借风雨、昆虫等传播，从机械伤、虫伤、枯枝处或嫩梢侵入。一般 5～6 月开始发病，7～8 月为发病盛期；该菌属弱性寄生菌，生长衰弱的核桃树或枝条易染病，春旱或遭冻害年份发病重。

3. 防治方法

（1）及时防治核桃树害虫，避免造成虫伤或其他机械伤。

（2）生长季节及时剪除病枝，并烧毁，北方注意防寒，秋季树干涂白，预防冻害。

（3）主干发病，可刮除病斑，并用 1‰硫酸铜消毒再涂抹愈合剂保护。

（4）药剂防治。发芽前喷 3 波美度石硫合剂；在 6～8 月份，用 70％甲基托布津可湿性粉剂 800～1000 倍液，70％代森锰锌可湿性粉剂 400～500 倍液喷雾防治，每隔 10 天喷一次，连喷 3～4 次效果良好。

六、核桃仁霉烂病

1. 症状

核桃仁霉烂病是坚果储藏过程中的常见病害，由于核桃仁霉烂，不堪食用，或出油率降低。

核桃仁发病后，外壳症状并不明显，但重量减轻。核桃仁干瘪或变黑色，其表面生长一层青绿色或粉红色甚至黑色的霉层，并具有苦味或霉酸味。

2. 病害发生规律

各种霉菌的孢子都广泛散布在空气中、土壤里及果实表面，病菌以菌丝和分生孢子在病果、病叶、芽鳞中越冬，第二年分生孢子借风雨、昆虫等传播，从伤口、虫孔、自然孔口等多次侵染。高温高湿、雨水多易发病，一般新疆品种易感病。核壳发育不全，缝合线松的核桃在漂洗过程中污水容易侵入，在储藏期果实含水量高，或堆积受潮，或通气不良，湿度过高，均易引起核桃仁霉烂。

3. 防治方法

（1）选用抗病品种，提高树体抗性。

（2）采收时防止损伤，储藏前剔除病虫果，晾晒或烘干坚果，使果仁含水量不高于8%，长期储藏时含水量不超过7%，储藏期注意保持低温和通风，防止潮湿。

（3）药剂防治：发芽前喷3～5波美度石硫合剂；发芽前后喷1：2：200波尔多液或40%退菌特可湿性粉剂800倍液；采收后及时脱除青皮晾晒至干，储藏时用甲醛或硫黄对储藏场所、包装材料密闭熏蒸。

七、核桃缺素症

1. 症状

核桃树除对大量元素和中量元素需要量大外，对微量元素也需要全面而充足，如果某种元素缺少或供应量不足，就会发生生理障碍而出现缺素症，影响正常生长发育和产量、品质。生产中以缺铁、缺锌、缺硼和缺铜较为常见。

（1）缺氮　生长期老叶片黄化，叶片小而薄，常提前脱落，新梢生长量短。果树产量低。

（2）缺磷　树体衰弱、叶片小、老叶片暗绿、提前脱落，新梢生长量短。果树产量低。

（3）缺钾　缺钾多发生在枝条中下部，叶片变灰白，小叶叶缘呈波状内卷，叶背面呈淡灰色，叶子和新梢生长量降低、坚果变小。

（4）缺铁　又称黄叶病，发病从嫩叶开始，叶色发白，叶脉两侧保持绿色，缺铁严重时叶片失绿加重，甚至全叶呈黄白色甚至白色，病叶边缘焦枯，最后全叶枯死早落，严重时新梢顶端枯死。

（5）缺锌　叶小而黄，卷曲，枝条顶端枯死，又称为核桃小叶病。

（6）缺硼　主要表现为小枝枯死，小叶叶脉间出现棕色斑点，小叶易变形，幼果易脱落，病果表面凹凸不平，表皮木栓化。

（7）缺铜　常与缺锰同时发生，初期叶片出现褐色斑点，引起叶片变黄早落，核仁萎缩，小枝表皮发生黑死斑点，严重的造成枝条枯死。

（8）缺锰　叶片失绿，叶脉之间变为浅绿色，叶肉和叶缘发生枯斑，易早落。

2. 缺素的原因

（1）缺铁的原因　碱性土壤中，可溶性的二价铁盐被转化为难溶解的三价铁盐而沉淀，铁元素不能被核桃吸收利用。盐碱地和含钙质高的土壤容易发生缺铁症，干旱和生长旺季容易发病，雨季缺铁症减轻或消失。

（2）缺锌的原因　石灰性土壤中的锌盐常转化为难溶于水的状态，不能被核桃吸收，在瘠薄山地土壤冲刷严重，锌流失量大。当叶片中的锌含量为百万分之十到十五时，即表现缺锌症状。

（3）缺硼的原因　山地或河滩地土壤中的硼容易淋溶流失而发生缺硼症，当土壤中的硼含量低于百万分之十时表现缺硼症状，7～9月为发病盛期。

（4）缺铜的原因　碱性土壤和沙性土壤，铜的有效性较低，容易发生缺铜症状。

3. 防治方法

核桃树缺某种元素只有补充该种元素才能矫正过来，若补充其他元素，不仅无济于事，有时甚至引起拮抗作用抑制对其他元素的吸收，从而引发其他缺素症或肥害。因此对核桃树施肥时肥量要足，元素要全，比例要协调，施肥要适时，方法要得当。

缺锌时在发芽前树冠喷 4‰～5‰ 的硫酸锌或在展叶后喷 0.3‰ 硫酸锌，每隔 15～20 天喷施 1 次，共喷 2～3 次。缺铁时喷 0.3‰～0.5‰ 硫酸亚铁（黑矾），或用 0.5‰～3‰ 硫酸亚铁灌根（土施），也可在施基肥时施入，每株大树可施硫酸亚铁 0.5 千克。缺硼时在雄花落花后喷施 0.3‰ 硼砂溶液 2～3 次，成年树可每株土施硼砂 150～200 克，施后灌水。缺铜时可通过喷施波尔多液来补充，也可单喷 0.3‰～0.5‰ 硫酸铜溶液，或土壤灌注 0.5‰ 硫酸铜溶液。

八、核桃日灼病

1. 症状

夏季日灼主要发生在果实和嫩枝上。轻度日灼时果皮向阳面上出现黄褐色、圆形或梭形的大斑块，严重时病斑可扩展至果面的一半以上，果面凹陷，青皮干枯粘在核壳上，引起果实早期脱落。枝条日灼后半边或全枝干枯。受日灼危害后，容易引起细菌性黑斑病、炭疽病、溃疡病等病害的发生。冬季枝条也容易发生日灼，主要发生在向阳面，枝条干枯死亡，成为其他病害入侵的伤口。

2. 病害发生原因

日灼病是烈日高温暴晒引起的生理病害，特别是气候干旱、土壤缺水时，受到强光直射，使得表皮温度升高，蒸发消耗水分过多，根系无法及时补充消耗的水分，最后细胞因缺水而受到伤害死亡。核桃枝皮的周皮层较其他树薄，不耐日晒，很容易发生日灼。

3. 防治方法

夏季高温时定期浇水，修剪时背上留枝遮挡太阳，枝干涂白防止阳光直射等可以减轻日灼病的发生，秋季摘心、防止枝条徒长、涂白等措施可以防止冬季日灼。在高温出现前喷施 2% 石灰乳液，或喷洒 0.2%～0.3% 磷酸二氢钾溶液，可起到预防作用，减轻受害。

九、核桃常见病害

生产中核桃常见的病害及危害部位归纳如表 6-1 所示。

表 6-1　核桃常见病害

序号	名称	危害部位	分类
1	核桃根腐病	根系	真菌病害
2	白绢病	根系、根颈	真菌病害
3	核桃炭疽病	果实；叶片、芽、嫩梢	真菌病害
4	核桃枯梢病	嫩梢、果实、叶片	真菌病害

序号	名称	危害部位	分类
5	核桃膏药病	树干、枝条	真菌病害
6	核桃灰斑病	叶片	真菌病害
7	核桃链格菌叶斑病	叶片	真菌病害
8	核桃霜点病	叶片	真菌病害
9	核桃白粉病	叶片、新梢	真菌病害
10	核桃褐斑病	叶片;果实、嫩梢	真菌病害
11	核桃枝枯病	枝干	真菌病害
12	核桃腐烂病	枝干、树皮	真菌病害
13	核桃干腐病	主干、侧枝	真菌病害
14	核桃细菌性黑斑病	果实;叶片、嫩梢、枝条	细菌病害
15	核桃根癌病	苗木根系	细菌病害
16	核桃仁腐烂病	核桃仁	细菌、真菌病害
17	核桃煤污病	叶片;叶柄、枝干	寄生菌、腐生菌
18	核桃花叶病	叶片	病毒病害
19	核桃根结线虫病	根系	线虫病害
20	核桃毛毡病	叶片	螨虫病害
21	核桃日灼病	果实、枝条	生理病害
22	核桃缺素症	叶片、枝条	生理病害
23	抽条	枝条	生理病害

第二节 核桃主要虫害

核桃的主要害虫有 20～30 种,许多害虫不只危害核桃树,很多都是杂食性的,且害虫的迁飞能力较强,所以在防治害虫时要群防群治,减少虫口密度,防止成灾。按照害虫侵害的部位不同,可分为食果类(核桃举肢蛾、桃蛀螟)、食叶类（木橑尺蠖、刺蛾类、绿尾大蚕蛾、美国白蛾、金龟子）、吸食类（蚜虫、红蜘蛛、介壳虫）、蛀干类（云斑天牛、核桃小吉丁、木蠹蛾、黄须球小蠹）,其中对核桃危害较大的主要害虫有核桃举肢蛾、云斑天牛、金龟子等。

一、核桃举肢蛾

1. 分布与危害

核桃举肢蛾在我国各核桃产区普遍发生，在土壤潮湿、杂草丛生的荒山沟洼处尤为严重。果实受害率常达 70%～80%，甚至高达 100%，是降低核桃产量和品质的主要害虫。成虫昼伏夜出，白天多栖息于核桃树冠下部叶片背面及树冠下的草丛中，晚 7 时前后活动，卵多产于两果相接处，也可产于萼洼、梗洼或叶柄上，每处 1～4 粒，每头雌虫可产卵 30～40 粒，卵期约 5 天。幼虫蛀入果实后在青皮内纵横串食，还可钻入核壳内，危害种仁，蛀道内充满虫粪，蛀道周围发黑腐烂后整个青皮皱缩变黑，提早脱落。每果内可有幼虫 5～7 头，多者可达 30 余头。

河北、山西每年发生 1 代，北京、陕西、河南每年发生 2 代，以老熟幼虫在树冠下 1～2 厘米深的土中越冬，在 1 代区 6 月上旬至 7 月下旬化蛹，6 月下旬至 7 月上旬为羽化盛期。幼虫最早于 6 月上中旬开始为害，7 月下旬开始脱果，8 月上旬为脱果盛期，脱果幼虫入土结茧越冬。核桃举肢蛾的危害，一般深山区重于浅山区，阴坡重于阳坡，沟里重于沟外，荒地重于耕地，羽化期雨量充沛发生重，干旱年份发生轻。

2. 形态特征

属于鳞翅目，举肢蛾科，又称核桃黑（图 6-1）。

卵：初产时乳白色，孵化前变为红褐色，椭圆形，长约 0.3～0.4 毫米。

幼虫：头褐色，体淡黄色，老熟时体长 7～9 毫米。

蛹：长 4～7 毫米。黄褐色至深褐色。蛹外有褐色茧，长 7～10 毫米，常黏附草末及细土粒，长椭圆形。

成虫：体长 4～8 毫米，翅展 12～15 毫米，黑褐色。翅狭长，前翅黑褐色，端部 1/3 处有一近似月牙形白斑，翅基部 1/3 处近后缘有一圆形小白斑，缘毛黑褐色，后翅褐色，后足特长，休息时向上举是其显著特点，因此而得名举肢蛾，腹背每节都有黑白相间的鳞毛。

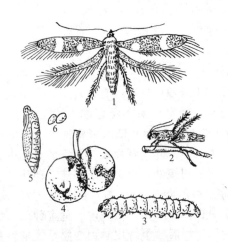

图 6-1 核桃举肢蛾

1—成虫；2—成虫休止时举肢状；3—幼虫；4—为害状；5—蛹；6—卵

3. 防治方法

（1）在土壤结冻前或解冻后清除残枝落叶，深刨树盘，消灭越冬幼虫。

（2）及时摘除树上虫果，捡拾落地虫果，集中处理，一定在 8 月份以前摘完。

（3）成虫羽化前（5 月上中旬）采用在树冠下撒毒土的方法，杀灭羽化的成虫。每亩撒施杀螟松粉 2～3 千克，或每株树冠下撒 25％西维因粉 0.1～0.2 千克，或喷 50％辛硫磷乳油或 40％毒死蜱 500 倍液，喷后浅锄一遍。

（4）成虫产卵期及幼虫初孵期，每隔 10～15 天喷洒一次杀虫剂。可选药剂有 10％吡虫啉可湿性粉剂 4000～6000 倍液，5％吡虫啉乳油 2000～3000 倍液，2.5％敌杀死乳油 1500～2500 倍液等，将幼虫消灭在蛀果以前。

二、金龟子类

1. 分布与危害

金龟子幼虫为蛴螬，是重要的地下害虫，在全国各地均有分布，危害核桃的主要有铜绿金龟子、黑绒金龟子和苹毛金龟子等。黑绒金龟子主要在核桃萌芽展叶期危害，苹毛金龟子和铜绿金龟子在核桃展叶后取食叶片、嫩芽。

1年发生1代，以3龄幼虫在土壤内越冬，第二年5月，越冬幼虫取食根部，在土内化蛹，4月初成虫开始出土，取食叶片。成虫有较强的趋光性和假死性。

2. 形态特征

属于鞘翅目，金龟子科（图6-2）。

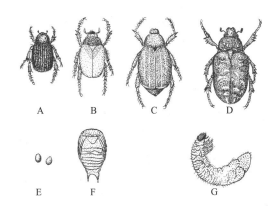

图6-2　金龟子

A—黑绒金龟子；B—苹毛金龟子；C—铜绿金龟子；D—白星金龟子；

E—卵；F—幼虫；G—老熟幼虫（蛴螬）

卵：椭圆形，长约2毫米，初为乳白色，后渐变为淡黄色，表面光滑。

幼虫：老熟幼虫体长约40毫米，头黄褐色，胸、腹乳白色。

成虫：黑绒金龟子成虫体长6～9毫米，体阔3.1～5.4毫米。卵圆形，黑色或黑褐，也有棕色个体，微有虹彩闪光。苹毛金龟子体长9～12毫米，宽6～7毫米，长卵圆形，除鞘翅和小盾片外全体被黄白色细绒毛，鞘翅光滑无毛，黄褐色，半透明，具淡绿色光泽。铜绿金龟子体长约19毫米，宽9～10毫米，椭圆形，身体背面包括前胸背板、中胸小盾片和鞘翅均为铜绿色，有金属光泽。白星金龟子，又名白星花金龟子，成虫体长 17～24 毫米，宽 9～12 毫米，体扁平，体壁厚硬，通体紫褐色或青铜色，有金属光泽，触角深褐色，复眼突出；前胸背板有不规则的白绒斑，翅鞘宽大，近长方形，表面有云片状灰白色斑纹。

3. 防治方法

（1）新栽幼树套塑料袋防止金龟子啃食幼芽嫩叶，展叶后去除塑料袋。

（2）利用火光或黑光灯、频振灯诱杀。

（3）用糖醋液诱杀，将白糖、醋、白酒、水按 1：3：2：20 的比例混合，装入广口瓶或塑料盆中，装满 2/3，挂在树上 1.5 米高的位置，每 667 平方米挂 2～3 瓶，2～3 天检查一次，捞走诱杀的害虫，补充糖醋液。

（4）利用其假死性，人工震落捕杀。

（5）药剂防治：用 50% 辛硫磷乳油 1 千克拌细土 100 千克，撒于地表，浅锄后混入土中，防治蛴螬，成虫发生期喷布 50% 马拉硫磷乳油，或 50% 辛硫磷乳油 800～1000 倍液。

（6）保护天敌，如益鸟、刺猬、青蛙、寄生蝇、病原微生物等。

三、刺蛾类

1. 分布与危害

刺蛾类是一类杂食性害虫，常见的有黄刺蛾、褐刺蛾、绿刺蛾和扁刺蛾，全国各地均有分布。以幼虫取食叶片，影响树势和产量，是核桃叶片的重要害虫。低龄幼虫群集在一起，取食叶面下表皮和叶肉，仅留表皮呈网状透明斑，叶片呈网眼状，幼虫长大后分散危害，将叶片吃成很多孔洞，缺刻，或只留主脉和叶柄，甚至全部吃光。幼虫体上有毒毛，触及人体会刺激皮肤发痒发痛。

黄刺蛾 1 年发生 1～2 代，以老熟幼虫在枝条分杈处或小枝上结茧越冬。绿刺蛾 1 年 1～3 代，以老熟幼虫结茧在土中越冬。褐刺蛾1年1～2代，以老熟幼虫结茧在土中越冬。扁刺蛾1年2～3代，以老熟幼虫在土中结茧越冬。危害盛期为7～8月份。成虫在叶背面产卵，初孵幼虫有群栖性，常数头集结在1片叶子上取食，2～3龄以后逐渐分散危害。

2. 形态特征

属于鳞翅目，刺蛾科。

（1）黄刺蛾　又称洋辣子、刺毛虫、毛八角。

卵：扁圆形，黄绿色，长1.4毫米。

幼虫：老熟幼虫黄绿色，长18～25毫米，宽约8毫米，体背上具一条哑铃形紫褐色大斑纹，身上具枝刺，刺上具毒毛。

蛹：椭圆形，长约13～15毫米，黄褐色。茧质地坚硬，灰白色，表面光滑，具黑褐色纵条纹。

成虫：体长13～17毫米，翅展29～36毫米，头和胸部黄色，腹部背面黄褐色，触角丝状。

（2）褐刺蛾

卵：扁平，椭圆形，长约1.5毫米，黄白色。

幼虫：老熟幼虫体长25～28毫米。初龄时黄色，稍大转为黄绿色。从中胸到第八腹节各有4个瘤状突起，瘤凸上生有黄色刺毛丛。

蛹：体长约13毫米，椭圆形，黄褐色。蛹外包有丝茧，茧长15毫米，广卵圆形，灰褐色，极像寄主树皮。

成虫：体长约18毫米，翅展38～48毫米。头顶、胸背绿色，胸背中央有一棕色纵线，腹部灰黄色。前翅棕褐色，有两条深褐色弧形线，两线之间色淡，在外横线与臀角间有一紫铜色三角斑。

（3）绿刺蛾

卵：卵扁平椭圆形，长1.5毫米，光滑，初淡黄，后变淡黄绿色。

幼虫：幼虫体长16～20毫米；头小，棕褐色，缩在前胸下面；体黄绿色，前胸盾具1对黑点，背线红色，两侧具蓝绿色点线及黄色宽边，侧线灰黄色较宽，具绿色细边；各节生灰黄色肉质刺瘤1

对，以中后胸和 8～9 腹节的较大，端部黑色，第 9、10 节上具较大黑瘤 2 对；气门上线绿色，气门线黄色；各节体侧也有 1 对黄色刺瘤，端部黄褐色，上生黄黑刺毛；腹面色较浅。

蛹：蛹长 13～15 毫米，短粗；初产淡黄，后变黄褐色。茧扁椭圆形，暗褐色。

成虫：成虫长约 12 毫米，翅展 21～28 毫米；头胸背面绿色，腹背灰褐色，末端灰黄色；触角雄羽状、雌丝状；前翅绿色，基斑和外缘带暗灰褐色；后翅灰褐色，臀角稍灰黄。

（4）扁刺蛾

卵：扁平光滑，椭圆形，长 1.1 毫米，初为淡黄绿色，孵化前呈灰褐色。

幼虫：老熟幼虫体长 21～26 毫米，宽 16 毫米，体扁、椭圆形，背部稍隆起，形似龟背。全体绿色或黄绿色，背线白色。体两侧各有 10 个瘤状突起，其上生有刺毛，每一体节的背面有 2 小丛刺毛，第四节背面两侧各有一红点。

蛹：长 10～15 毫米，前端肥钝，后端略尖削，近似椭圆形。初为乳白色，近羽化时变为黄褐色。

成虫：雌蛾体长 13～18 毫米，翅展 28～35 毫米。体暗灰褐色，腹面及足的颜色更深。前翅灰褐色、稍带紫色，中室的前方有一明显的暗褐色斜纹，自前缘近顶角处向后缘斜伸。雄蛾中室上角有一黑点（雌蛾不明显），后翅暗灰褐色。

3. 防治方法

（1）消灭越冬虫茧：可结合秋季挖树盘施肥和冬季修剪等管理，消灭越冬虫茧。

（2）黑光灯诱杀：6 月中旬至 7 月中旬越冬代成虫发生期，田间设置黑光灯诱杀成虫。

（3）人工防治：7 月上旬小幼虫群集叶背时，可及时剪下叶片集中消灭幼龄幼虫；8 月中下旬老熟幼虫在枝干枝皮上寻找结茧的适当场所期间，集中人力捕捉老熟幼虫杀灭。

（4）生物防治：上海青蜂是黄刺蛾的天敌优势种群，可对它加以保护，利用它来消灭越冬茧内的黄刺蛾老熟幼虫。

（5）化学防治：幼虫危害严重时，在幼虫 2～3 龄时喷洒 25％亚胺硫磷乳油 600 倍液，2.5％溴氰菊酯乳剂 5000 倍液，10％吡虫啉可湿性粉剂 2000 倍液，2.5％功夫乳油 3000～4000 倍液。

四、山楂叶螨

1. 分布与危害

山楂叶螨又名山楂红蜘蛛，主要发生在北方地区，危害多种果树、林木。成螨和若螨刺吸嫩芽和叶片，使叶片失绿，重者脱落，引起树势衰弱。

发生代数因气候而异，在辽宁 1 年发生 3～6 代，山东 7～9 代，河南、山西 7～10 代。以受精成螨在树皮裂缝、老翘皮下及树干基部土壤缝隙中越冬。翌年春核桃萌芽时上树活动，多群集于叶背面取食，7～8 月危害最重。

2. 形态特征

属于蜱螨目，叶螨科（图 6-3）。

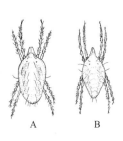

卵：圆球形。前期产的卵为橙红色，后期产的卵多为黄白色。

幼螨：足 3 对。体圆形，淡绿色。

若螨：足 4 对。后期若螨可辨雌雄，雌若螨翠绿色，卵圆形，雄若螨体末尖削。

图 6-3　山楂叶螨

A—雌成螨；B—雄成螨

成螨：雌成螨体长 0.5 毫米，宽 0.3毫米，椭圆形，4 对足。冬型体色鲜红，略有光泽，夏型体色暗红。雄成螨体长 0.4 毫米，宽 0.25 毫米，体末端尖削，绿色或橙黄色。

3. 防治方法

（1）冬季清园，刮除老翘皮，消灭越冬成螨。

（2）放养天敌，主要有捕食螨、草蛉、食螨瓢虫等。

（3）药剂防治：萌芽期喷 0.3～0.5 波美度石硫合剂，或0.5％柴油乳剂，或 5％尼索朗乳剂 2000～3000 倍液。

五、大青叶蝉

1. 分布与危害

大青叶蝉又名浮尘子，在全国普遍发生，且食性杂，寄主多，以成虫、若虫刺吸叶片汁液，秋季产卵伤害枝干，成虫产卵时先用产卵管割开表皮，形成月牙形卵痕，然后产卵其中。产卵密度大时枝干遍体鳞伤，引起枝干失水，削弱树势，严重时引起幼树死亡。

1年发生3代，以卵在树表皮下越冬，翌年4月孵化，第1代成虫出现于5～6月份，第2代成虫出现于7～8月份，第3代于9月份出现，到10月上中旬到树上产卵。

2. 形态特征

属于同翅目，叶蝉科（图6-4）。

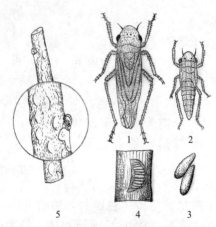

图6-4　大青叶蝉

1—成虫；2—若虫；3—卵；4—产卵状；5—枝条产卵受害状

卵：长卵圆形，长约1.6毫米，稍弯曲，乳白色，近孵化时变为黄白色。

若虫：低龄若虫灰白色，3龄后黄绿色，体背有褐色纵条纹，并出现翅芽。老熟若虫体长约7毫米，似成虫，仅翅未发育完全。

成虫：体长 7～10 毫米，头黄褐色，前胸背板前缘黄色，余为深绿色，前翅灰白色，透明，后翅乌黑色，腹部两侧、腹面及足橙黄色。

3. 防治方法

（1）成虫发生期，用灯光诱杀。

（2）树干涂白，或枝干上缠纸条，阻止成虫产卵，人工用小木棍将卵块压死。

（3）药剂防治：成虫产卵期喷洒 25％喹硫磷乳剂 1000 倍液，20％叶蝉散乳剂 1000 倍液等。

六、草履蚧

1. 分布与危害

草履蚧在我国大部分地区都有分布。该虫吸食树液，致使树势衰弱，甚至枝条枯死，影响产量。被害枝干上有一层黑霉，受害越重黑霉越多。

该虫一年发生 1 代。以卵在树干基部土中越冬。4 月下旬在树皮缝或树洞中化蛹，5 月羽化成虫，然后上树产卵。若虫和雌成虫吸食嫩枝、嫩芽汁液。

2. 形态特征

属于同翅目，绵蚧科。

卵：长 1～1.2 毫米，椭圆形，初产时黄白色，后变红褐色。卵囊白色絮状，长椭圆形。

若虫：与雌成虫相似，但体较小，色较深。

雄蛹：长约 5 毫米，圆筒形，褐色，外被白色絮状物。

成虫：雌虫无翅，体长约 10 毫米，扁平椭圆形，形似草鞋，红褐色，被白色粉蜡。雄成虫有前翅 1 对，体长 5～6 毫米，体紫红色。

3. 防治方法

（1）若虫上树前，用 6％的柴油乳剂喷洒根颈部周围土壤。

（2）春季树干涂 6～10 厘米宽黏虫胶带，防止若虫上树。

（3）若虫上树初期，喷 40％乐果 800 倍液。

（4）保护、利用黑缘红瓢虫等天敌。

七、云斑天牛

1. 分布与危害

云斑天牛广泛分布在河北、河南、北京、山西、陕西、甘肃和四川等地。主要危害枝干，危害严重的地区受害株率可达 95％，受害树有的主枝死亡，有的因主干受害而整株死亡，被害部位皮层开裂。成虫羽化多在树干上，羽化口呈一大圆孔。幼虫在皮层及木质部钻蛀隧道，从蛀孔排出粪便和木屑，受害树因输导组织被破坏，逐渐干枯死亡。木质部中的虫道比木蠹蛾少。

该虫发生世代数因地而异，越冬虫态也有不同。一般 1～3 年发生 1 代，以成虫或幼虫在树干内越冬，4 月下旬开始活动，5 月份为成虫羽化盛期，6 月中下旬为产卵盛期。成虫有假死性和趋光性。

2. 形态特征

属鞘翅目天牛科，别名核桃大天牛、铁炮虫。

卵：长约 8 毫米，长卵圆形，略弯曲。初产时乳白色，后逐渐变为土褐色。

幼虫：幼虫体长 70～80 毫米，乳白至淡黄色，略扁。前胸背板橙黄色，近方形，中后部有 1 个半月牙形橙黄色斑。从后胸至第七腹节背面各有一"口"字形骨化区。

蛹：裸蛹，长 40～63 毫米，初为乳白色，渐变为黄褐色。

成虫：体长 45～97 毫米，宽 15～22 毫米，体底色为灰黑或黑褐色，密被灰绿或灰白色绒毛。前胸背板有 2 个肾形白斑。鞘翅基部密布黑色瘤状突起，鞘翅上有不规则白色云状斑。

3. 防治方法

（1）人工捕杀。在成虫发生期直接捕捉，可利用其假死性震落后捕杀。根据天牛咬刻槽产卵的习性，找到产卵槽，用硬物敲击杀卵。经常检查树干，发现有新鲜粪屑时，用小刀轻轻挑开皮层，将幼虫处死。

（2）灯光诱杀成虫。根据天牛具有趋光性，可设置黑光灯诱杀，也可在晚间用普通灯光诱杀。

（3）当受害株率较高、虫口密度较大时，可选用内吸性杀虫剂喷施受害树干。

（4）冬季或成虫产卵前，在树干基部涂白，以防成虫产卵，也可杀幼虫。

（5）幼虫期找到虫孔，掏出粪屑，注入80%敌敌畏100倍液，或50%辛硫磷乳剂200倍液，也可用棉球蘸50%杀螟松乳油，塞入虫孔，熏杀幼虫。

（6）保护天敌，招引鸟类，如啄木鸟等。

八、核桃常见虫害

核桃常见虫害见表6-2。

表6-2　核桃常见虫害

序号	名　　称	危害虫态	危害部位	分　类
1	刺蛾类	幼虫	叶片	鳞翅目
2	大蓑蛾	幼虫	叶片	鳞翅目
3	芳香木蠹蛾	幼虫	枝干皮层、木质部	鳞翅目
4	核桃举肢蛾	幼虫	果实	鳞翅目
5	核桃瘤蛾	幼虫	叶片	鳞翅目
6	核桃细蛾	幼虫	叶片	鳞翅目
7	核桃星尺蠖	幼虫	叶片	鳞翅目
8	核桃缀叶螟	幼虫	叶片	鳞翅目
9	柳干木蠹蛾	幼虫	枝干皮层、木质部	鳞翅目
10	六星黑点蠹蛾	幼虫	枝干皮层、木质部	鳞翅目
11	木橑尺蠖	幼虫	叶片	鳞翅目
12	柿星尺蠖	幼虫	叶片	鳞翅目
13	桃蛀螟	幼虫	果实	鳞翅目
14	舞毒蛾	幼虫	叶片	鳞翅目
15	银杏大蚕蛾	幼虫	叶片	鳞翅目
16	核桃横沟象	幼虫	根颈部皮层	鞘翅目
17	核桃小吉丁虫	幼虫	枝干皮层	鞘翅目

序号	名　　称	危害虫态	危　害　部　位	分　类
18	核桃叶甲	幼虫	叶片	鞘翅目
19	核桃长足象	幼虫	果实	鞘翅目
20	黄须球小蠹	幼虫、成虫	枝条	鞘翅目
21	金龟子	幼虫	根系	鞘翅目
		成虫	叶片、嫩枝、嫩芽、花柄	
22	云斑天牛	幼虫	枝干皮层、木质部	鞘翅目
		成虫	叶片、嫩枝皮	
23	斑衣蜡蝉	若虫、成虫	嫩叶、枝干	同翅目
24	草履蚧	若虫、雌成虫	枝干	同翅目
25	大青叶蝉	成虫	枝条	同翅目
26	核桃黑斑蚜	成蚜、若蚜	叶片、幼果	同翅目
27	桑盾蚧	若虫、雌成虫	枝干	同翅目
28	山楂叶螨	成螨、若螨	嫩芽、嫩叶	蜱螨目

第三节　核桃病虫害综合防治

一、病虫害发生流行的因素

病虫害形成需要一定的病源或虫源且病（虫）源要达到一定的数量，有适宜的寄主和生态环境，当病虫害的量达到一定程度时就需要进行人工防治。由于核桃园生态环境稳定，其病虫害种类组成也相对稳定，病虫害一经发生，以后每年也可能经常发生。核桃病虫害流行的因素主要有以下 3 个。

1. 品种因素

早实类型核桃抗病虫能力差，晚实类型核桃抗病虫害能力强，引自新疆的品种抗病虫害能力差，而原产华北的晚实类型品种抗病虫能力较强。

2. 气候因素

夏季高温高湿、通风不良的地方容易发生果实或叶片病害，造成大量的落叶和落果，降雨过多造成病菌随雨水传播并因湿度加大，增加了防治困难，因此夏季是防治病虫害的关键时期。冬季过度严寒容易造成枝干冻害，引起第二年病害大面积发生。

3. 管理因素

一般管理粗放，土壤瘠薄，排水不良，肥水不足，树势衰弱或遭受冻害及盐害的核桃树易感染病虫害。另外雨水多，伤口多，杂草多，土壤黏重板结，排水不良，园内荫蔽，通风透光不良，受抽条、晚霜危害等情况下容易病虫害大发生。

二、病虫害防治的方针与策略

核桃病虫害的防治，应全面贯彻"预防为主，综合防治"的植保方针，把病虫害控制在不影响经济产量的范围之内。在防治病虫害时，首先考虑农业技术措施，包括物理方法、生物方法、人工方法等，在进行化学防治时优先选用生物制剂，其次选用低毒低残留化学农药，并注意交替使用，减少农药用量，限制使用中毒农药，严禁使用高毒、高残留和致癌、致畸、致突变的农药。

1. 病虫害的预测预报

加强病虫害的预测预报，在病虫未造成灾害之前打药防治，在病虫害的防治关键期用药是减少病虫害的基础措施，通过定期系统调查，利用黑光灯和性诱剂监测害虫发生情况，做好虫情调查和预测预报，抓住防治适期，合理使用化学农药。

2. 无公害防治病虫害

尽可能地通过无公害技术防治病虫害是人们一直追求的目标，主要是要通过选育抗病、抗虫品种，采取各种农业技术措施、利用物理防治措施、保护利用天敌以及使用生物源农药等手段，减少化学农药的使用，增强果品的安全性。

3. 化学农药的使用

当病虫害已经发生且范围比较大，用生物防治的方法难以控制时就要使用化学农药，这时注意要在病虫害防治关键期用药，注意根据病虫害特点用药，选用合适的药剂，交替使用，同一种药剂不要连续使用，以防产生抗药性。现在的农药很多都是广谱性的药剂，同一种药剂可防治多种病害或虫害。在喷药时注意不在温度高时用药，防止产生药害，高温喷药甚至会引起喷药的人中毒。在喷药时添加助剂，如喷药时加 0.1%～0.3% 洗衣粉，能促进药液分散，有利植株吸收。

4. 常用的施药方法

农药的使用方法主要是喷雾，另外还有喷粉、输液、土施、拌种、涂刷等。可以单喷一种药，也可几种药混喷，混喷时要注意说明书上的提示，有些药不能混配。喷药时按说明书要求的浓度喷，不要随意加大浓度，否则既浪费药剂，又增加环境污染，甚至对核桃产生药害。

（1）喷雾　大部分农药是以喷雾的方式施用的，主要剂型有可湿性粉剂、乳油、悬浮剂等。

（2）喷粉　主要是一些粉剂，不能溶于水或者溶于水后药效降低的药剂。

（3）输液　对一些内吸性药剂可以通过输液的方式施用。

（4）土施　主要是治疗根系病害或者杀灭土壤中的害虫，可以撒施，也可以拌种。

（5）涂刷　对腐烂病等枝干病害，可以在病斑部位涂刷药剂，药剂直接作用于病菌，有针对性。

5. 植保机械

常用的植保机械包括背负式喷雾器、机动喷雾器、喷粉机械等，所用的喷头有普通喷头、高压喷头、弥雾式喷头等，面积大时使用柴油机或汽油机带动的喷药机，可在三轮车、拖拉机上带一个大的药罐，在行进过程中就可以喷药，现在提倡使用微喷喷头，减少喷药用水量。大面积防治病虫害时还可以使用遥控飞机。喷药后要及时清洗喷药机械，防止药剂腐蚀，特别注意喷除草剂的喷雾器要专用，不能打其他农药，否则会产生很大的药害。

三、常用杀菌杀虫剂

现在生产中的杀虫、杀菌剂一般都是广谱性的。生产中常用的杀菌剂见表 6-3，杀虫剂见表 6-4。在选用杀虫、杀菌剂时注意交替使用，防止产生抗药性，也防止农药残留超标。允许使用的化学合成农药每种每年最多使用 2 次，最后一次施药的安全采收间隔期应在 20～30 天以上。

表 6-3　生产中常用的杀菌剂

品　　名	浓　　度	用法	时期	防治病害
15％抗菌剂 401	50 倍液	涂刷根系	生长季	白绢病
2％抗菌剂 401	20～30 倍液	喷雾	生长季	膏药病
20％吡螨胺乳油①	3000 倍液	喷雾	芽萌动时	毛毡病
20％哒螨灵可湿性粉剂①	2500～3000 倍液	喷雾	芽萌动时	毛毡病
20％甲基硫菌灵可湿性粉剂	1000 倍液	喷雾	生长季	灰斑病
24％螨威多悬浮剂①	4000～5000 倍液	喷雾	芽萌动时	毛毡病
25％代森锰锌可湿性粉剂	600 倍液	喷雾	生长季	黑斑病
25％多菌灵可湿性粉剂	200 倍液	浸种	播种前	黑斑病
25％亚胺硫磷乳油①	1000 倍液	喷雾	芽萌动后	毛毡病
4％福尔马林	80 倍液	喷洒种子	播种前	白绢病
45％代森铵水剂	1000 倍液	喷雾	6～8 月	枝枯病
45％噻菌灵悬浮剂	100 倍液	喷雾	生长季	膏药病
50％多菌灵可湿性粉剂	500～1000 倍液	拌种	种子	白绢病
50％腐霉利可湿性粉剂	600～800 倍液	涂刷	根系	白绢病
50％甲基托布津可湿性粉剂	200 倍液	喷雾	4～5 月	枯梢病
	500～800 倍液	涂刷	全年	干腐病
50％克菌丹	400～500 倍液	喷洒根系	生长季	白绢病
50％退菌特	800 倍液	喷雾	5～6 月	黑斑病
65％代森锰锌可湿性粉剂	500 倍液	喷雾	生长季	灰斑病
70％代森锰锌可湿性粉剂	800 倍液	喷雾	6～8 月	枝枯病
70％甲基托布津可湿性粉剂	1000 倍液	喷雾	6～8 月	枝枯病
	800 倍液	喷雾	5～6 月	黑斑病
70％五氯硝基苯粉剂	20～30 倍	拌土撒施	萌芽前	根腐病
78％代森锰锌·波尔多液可湿性粉剂	500 倍液	涂刷根系		白绢病
80％代森锰锌可湿性粉剂	500～800 倍液	喷雾	生长季	灰斑病
80％抗菌剂 402	200 倍液	喷雾	4～5 月　8 月	枯梢病
	100～200 倍液	涂刷	生长季	根癌病
843 康复剂	原液	涂刷	生长季	根癌病
90％三乙膦酸铝可湿性粉剂	500～600 倍液	喷雾	6～8 月	枝枯病

品　名	浓　度	用法	时期	防治病害
奥力克-靓果安	10 倍液	涂刷	全年	腐烂病
	800 倍液	喷洒	生长季	褐斑病
波尔多液	1：1：200	喷施	生长季	膏药病
	1：2：200	喷雾	展叶前	黑斑病
	1：0.5：200	喷雾	生长季	黑斑病
福星	600～800 倍液	喷雾	坐果后	炭疽病
腐殖酸铜	10 倍液	涂刷	全年	腐烂病
甲基硫菌灵	10 倍液	涂刷	全年	腐烂病
溃腐灵	原液或 5 倍液	涂刷	全年	腐烂病
硫酸铜	1％	喷雾	生长季	膏药病
	1％	涂刷	生长季	枯梢病、白绢病
	0.5％	灌根	萌芽前	根腐病
石灰乳	20％	喷雾	生长季	膏药病
石硫合剂	3～5 波美度	涂刷	全年	腐烂病、枯梢病
	3～5 波美度	喷施	发芽前	多种病、虫害
	0.3～0.5 波美度	喷施	发芽后	多种病、虫害
涂白剂	—	涂刷	全年	抽条等
退菌特	10 倍液	涂刷	全年	腐烂病
纤维素	100～200 倍液	喷雾	春季	抽条

① 实为杀虫（螨）剂，但生产中一般将毛毡病划为病害。

推荐使用的杀菌剂包括：植物源杀菌剂，如芝麻素；矿物源杀菌剂，如石硫合剂、波尔多液、硫黄粉；微生物源杀菌剂，如广谱性木霉菌等。

表 6-4　生产中常用的杀虫剂

品　名	浓　度	用法	时期	防治虫害
1.8％阿维菌素乳油	2000～3000 倍液	喷洒土壤	全年	根结线虫病
10％吡虫啉可湿性粉剂	2000 倍液	喷施	7～8 月	刺蛾类
	4000～6000 倍液	喷施	6～7 月	核桃举肢蛾
15％杜邦安达悬浮剂	3500～4000 倍液	喷施	5～6 月	银杏大蚕蛾
2.5％敌杀死乳油	1500～2500 倍液	喷施	7～8 月	刺蛾类
	1500～2500 倍液	喷施	6～7 月	核桃举肢蛾
	1500～2500 倍液	喷施	7 月	核桃小吉丁虫
2.5％功夫乳油	3000～4000 倍液	喷施	7～8 月	刺蛾类
2.5％氯氟氰菊酯	2000 倍液	喷施	6～7 月	芳香木蠹蛾

品　名	浓　度	用法	时期	防治虫害
2.5%溴氰菊酯	2000 倍液	喷施	6～7 月	芳香木蠹蛾
	4000 倍液	喷施	7 月	核桃小吉丁虫
	3000 倍液	喷施	5 月	桃蛀螟
	4000～6000 倍液	喷施	5 月	舞毒蛾
	5000 倍液	喷施	7～8 月	刺蛾类
20%甲氰菊酯	2000 倍液	喷施	6～7 月	芳香木蠹蛾
	3000 倍液	喷施	5 月	桃蛀螟
20%灭幼脲胶悬剂	2000 倍液	喷施	7 月	核桃缀叶螟
20%氰戊菊酯	2500 倍液	喷施	5 月	桃蛀螟
25%杀虫双水剂	500 倍液	喷施	5 月	桃蛀螟
25%西维因粉剂	0.1～0.2 千克/亩	撒施	6～7 月	核桃举肢蛾
	600 倍液	喷施	7 月	核桃小吉丁虫
	500～800 倍液	喷施	7 月	核桃缀叶螟
25%亚胺硫磷乳油	600 倍液	喷施	7～8 月	刺蛾类
40%毒死蜱	500 倍液	地面喷洒	6～7 月	核桃举肢蛾
48%毒死蜱乳油	1000 倍液	喷施	7 月	核桃小吉丁虫
48%乐斯本乳油	1000 倍液	喷施	4～5 月	核桃长足象
5%吡虫啉乳油	2000～3000 倍液	喷施	6～7 月	核桃举肢蛾
5%克线磷颗粒剂	8～12 千克/亩	沟施	播种前	根结线虫病
5%锐劲特浓悬浮剂	1500 倍液	喷施	4～5 月	核桃长足象
	1500 倍液	喷施	6～7 月	核桃举肢蛾
50%三唑磷乳油	1000 倍液	喷施	4～5 月	核桃长足象
50%杀螟松乳油	1000 倍	喷施	6～8 月	核桃瘤蛾
	1000～1550 倍液	喷施	7 月	核桃缀叶螟
	1000 倍	喷施	5 月	舞毒蛾
50%辛硫磷乳油	800 倍液	喷洒土壤	全年	根结线虫病
	400 倍液	喷施	6～7 月	芳香木蠹蛾
	500 倍液	地面喷洒	6～7 月	核桃举肢蛾
80%敌敌畏	800 倍液	喷施	7 月	核桃小吉丁虫
80%棉隆可湿性粉剂	150 倍液	灌根	全年	根结线虫病
98%必速灭	5～10 千克/亩	拌土沟施	播种前	根结线虫病
白僵菌液/(2亿～4亿/毫升)	1000 倍液	喷施	4～5 月	核桃长足象
	1000 倍液	喷施	6～7 月	核桃举肢蛾
杀螟杆菌/(100亿孢子/克)	1000 倍液	喷施	6～7 月	核桃举肢蛾
杀螟松粉剂	2～3 千克/亩	撒施	6～7 月	核桃举肢蛾
石硫合剂	3～5 波美度	喷施	发芽前	多种病、虫害

品　　名	浓　　度	用法	时期	防治虫害
苏云金杆菌可湿性粉剂 /（50 亿芽孢/毫升）	500 倍液	喷施	7 月	核桃缀叶螟
	500 倍液	喷施	5～6 月	银杏大蚕蛾

推荐使用的杀虫剂包括：植物源杀虫剂，如除虫菊素、鱼藤酮、烟碱、苦参碱、苦楝素等；矿物源杀虫剂，如石硫合剂、机油乳剂、柴油乳剂等；微生物源杀虫剂，如 Bt 乳油、苏云金杆菌、白僵菌、阿维菌素；昆虫生长调节剂，如灭幼脲、除虫脲、性诱剂等。

四、自制杀菌杀虫剂

生产中有一些杀菌杀虫剂可以自己动手制作，成本低廉，而且效果好，常用的自制杀菌杀虫剂有石硫合剂、波尔多液、涂白剂、黏土柴油乳剂、黏虫胶等。

1. 石硫合剂

原料：块状生石灰、硫黄粉和水，比例为 1：2：10。

先将水放在铁锅内加热，烧开，同时先用少量的热水将硫黄粉拌成浆糊状，然后慢慢倒入烧开水的锅内（为防止熬制过程中水分蒸发消耗，可多加 1 份水），并不停地搅拌。当水再次沸腾后，将石灰分 3～4 次加到锅内，进行搅拌，并减小火势。加完石灰后，一般再加热 20～25 分钟，即成红棕色的石硫合剂溶液，可将其过滤后倒入缸内备用。一般原液的浓度为 25～30 波美度。为防止药液氧化变稀，可向缸内滴几滴煤油封住液面备用。在使用时根据所需浓度按表 6-5、表 6-6 稀释，注意石硫合剂的计量单位是"波美度"，市场上有专门的波美比重计。

表 6-5　石硫合剂重量倍数稀释表

原液浓度 /波美度	需要浓度/波美度								
	0.1	0.2	0.3	0.4	0.5	1	3	4	5
	重量稀释倍数								
15.0	149.0	74.0	49.0	36.5	29.0	14.0	4.00	2.75	2.00
16.0	159.0	79.0	52.3	39.0	31.0	15.0	4.33	3.00	2.20
17.0	169.0	84.0	55.6	41.5	33.0	16.0	4.66	3.25	2.40

原液浓度 /波美度	需要浓度/波美度								
	0.1	0.2	0.3	0.4	0.5	1	3	4	5
	重量稀释倍数								
18.0	179.0	89.0	59.0	44.0	35.0	17.0	5.00	3.50	2.60
19.0	189.0	94.0	62.3	46.5	37.0	18.0	5.33	3.75	2.80
20.0	199.0	99.0	65.6	49.0	39.0	19.0	5.66	4.00	3.00
21.0	209.0	104.0	69.0	51.0	41.0	20.0	6.00	4.25	3.20
22.0	219.0	109.0	72.3	54.0	43.0	21.0	6.33	4.50	3.40
23.0	229.0	114.0	75.6	56.6	45.0	22.0	6.6	4.75	3.60
24.0	239.0	119.0	79.0	59.0	47.0	23.0	7.00	5.00	3.80
25.0	249.0	124.0	82.3	61.5	49.0	24.0	7.33	5.25	4.00
26.0	259.0	129.0	85.6	64.0	51.0	25.0	7.66	5.50	4.20
27.0	269.0	134.0	89.0	65.5	53.0	26.0	8.00	5.75	4.40
28.0	279.0	139.0	92.3	69.0	55.0	27.0	8.33	6.00	4.60
29.0	289.0	144.0	95.6	71.5	57.0	28.0	8.66	6.25	4.80
30.0	299.0	149.0	99.0	74.0	59.0	29.0	9.00	6.50	5.00

资料来源:《枣树整形修剪与优质丰产栽培》,2013。

表6-6 石硫合剂容量倍数稀释表

原液浓度 /波美度	需要浓度/波美度								
	0.1	0.2	0.3	0.4	0.5	1	3	4	5
	容量稀释倍数								
15.0	166.2	82.5	54.7	40.7	32.4	15.6	4.46	3.07	2.23
16.0	178.7	88.8	58.8	43.8	34.8	16.9	4.87	3.37	2.47
17.0	191.4	95.2	63.1	47.0	37.4	18.1	5.29	3.68	2.72
18.0	204.4	101.6	67.4	50.2	40.0	19.4	5.71	4.00	2.97
19.0	217.5	108.2	71.7	53.5	42.6	20.7	6.14	4.32	3.22
20.0	230.8	114.8	76.2	56.8	45.2	22.0	6.57	4.64	3.48
21.0	244.4	121.6	80.7	60.2	47.9	23.4	7.02	4.97	3.74
22.0	258.2	128.5	85.3	63.7	50.7	24.8	7.47	5.30	4.01
23.0	272.2	135.5	89.9	67.2	53.5	26.2	7.92	5.65	4.28
24.0	28.64	142.6	96.8	70.7	56.3	27.6	8.39	5.99	4.55
25.0	300.9	149.8	99.5	74.3	59.2	29.0	8.86	6.34	4.83
26.0	315.6	157.2	104.4	78.0	62.1	30.5	9.34	6.70	5.12
27.0	330.6	164.7	109.4	81.7	65.1	32.0	9.83	7.07	5.41
28.0	345.8	172.3	114.4	85.5	68.2	33.5	10.33	7.44	5.70
29.0	361.3	180.0	119.6	89.4	71.3	35.0	10.86	7.81	6.00
30.0	377.0	187.9	124.8	93.3	74.4	36.6	11.35	8.20	6.30

资料来源:《枣树整形修剪与优质丰产栽培》,2013。

2. 波尔多液

波尔多液是一种广谱性的含铜杀菌剂，持效期长，耐雨水冲刷、低毒、低残留，病菌很难产生抗性，常用于防治多种果树的叶部和果实病害。波尔多液要随配随用，当天配的药液当天用完，不宜久放，更不得过夜，也不能稀释。配制波尔多液不能用金属器具，尤其不能用铁器，以防发生化学反应降低药效。波尔多液的配置方法通常有两种。

（1）两液对等配制法（两液法）　硫酸铜 0.5 千克，生石灰 0.5 千克，水 100 千克。选优质的硫酸铜晶体和生石灰，分别先用少量的水消化石灰配置成石灰乳，用少量的热水溶解硫酸铜，然后分别各加入全水量的一半，分别盛于桶内，待两种液体的温度与环境温度相同时，将两种液体同时缓缓注入第三个容器内，边注入边搅拌即成天蓝色药液。

（2）稀硫酸铜注入浓石灰乳配置法（稀铜浓灰法）　用全水量的 10% 消化生石灰，搅拌成石灰乳，90% 的水溶解硫酸铜，然后将硫酸铜溶液缓慢注入石灰乳中（如喷入石灰乳中效果更好），边倒入边搅拌即成。千万注意绝不能将石灰乳倒入硫酸铜溶液中，否则会产生大量沉淀，降低药效，造成药害。

硫酸铜、生石灰的比例及加水多少，要根据树种或品种对硫酸铜和生石灰的敏感程度（对铜敏感的少用硫酸铜，对石灰敏感的少用石灰）以及防治对象、用药季节和气温的不同而定。生产中常用的波尔多液有石灰等量式（硫酸铜：生石灰＝1：1）、石灰倍量式（1：2）、石灰半量式（1：0.5）和石灰多量式 [1：（3～5）] 等，用水一般为 160～240 倍。

3. 涂白剂

早春昼夜温差大的地方，枝干因长时间受昼融夜冻的影响，容易使其阳面的皮层坏死干裂，严重影响幼树的生长，采用涂白防寒可取得良好的效果。冬季涂白可防虫防病，减少抽条，夏季涂白可有效防治日灼病。涂白剂的配方较多，使用时可根据所能获得的材料选择，涂白剂最好当天配制当天用完。涂白剂配制不好或者涂刷不合适时容易脱落，要通过不断实践提高涂白剂的制作质量。

配方一：生石灰∶石硫合剂∶猪油∶盐＝10∶2∶1∶0.5。在缸内放入生石灰，慢慢将水撒在石灰上，将生石灰化开，化好后加石硫合剂原液，边加边搅拌，再依次加入熟猪油、盐，最后加30～40倍水搅拌成糊状（广西韦代杰提供）。

配方二：生石灰12千克，食盐2千克，硫黄粉2千克，豆面0.5～1千克（或废机油0.5千克），水36千克。把生石灰消解后加水调成石灰乳，加入其他配料（豆面先调成糊状），搅拌均匀后即可涂刷树干。

配方三：生石灰10千克，豆浆或面粉、食盐各1千克，植物油100克，水30千克，混合搅拌均匀即成。

配方四：生石灰10千克，石硫合剂或硫黄粉1千克，食盐0.1千克，水40千克，搅拌均匀。

配方五：生石灰10份，石硫合剂2份，食盐1～2份，黏土2份，水30份。先用水化开生石灰，滤去渣子，倒入已化开的食盐水内，依次放入石硫合剂和黏土，按比例加水，搅拌均匀，即为涂白剂。

配方六：生石灰6千克、食盐0.5千克、清水15千克，再加入适量的黏着剂、杀虫杀菌剂，也可加入石硫合剂的残渣，混合均匀，涂抹树干。

配方七：生石灰∶石硫合剂原液∶食盐∶水∶豆汁＝10∶2∶2∶36∶2，混匀，再加入适量的黏着剂等制成，于结冻前涂刷。

4. 黏土柴油乳剂

轻柴油1份，干黏（黄）土粉（过细筛）2份，水2份。按比例将柴油倒入黏土中，搅拌成糊，再将水慢慢倒入，边倒边搅，至表层无浮油即成含油20%的黏土柴油乳剂原液。使用时按需要稀释成一定浓度喷洒，稀释时要充分搅拌，使之充分乳化，防止油水分离，以随用随配为宜。

5. 黏虫胶

配方一：废机油1份，石油沥青1份，加热溶解后搅匀即成。

配方二：松香末 0.5 千克与加热的蓖麻油 0.5～1 千克融化到一起，搅匀即成。

配方三：黄油、机油等量混合搅匀，可以加 1% 的乐果乳油，起杀虫作用。

黏虫胶可在春季或秋季涂抹在主干上，可将害虫粘在胶上，防止害虫上树或产卵。

五、防治病虫害的农业措施

无公害果品和绿色果品的生产都要求使用限定范围的杀虫剂和杀菌剂，而有机农业要求不使用化学农药，预防为主，综合防治。常用的技术措施如选用抗病虫害的品种，合理修剪增强树体抵抗能力，树干涂白、缠枝条、套塑料袋等，以及应用黄色板、黑光灯、频振灯等诱杀害虫，在生产中采取适当的农业技术措施来消灭病虫害是现代农业发展的方向。

1. 积极采取预防措施

严格检疫，选择无病虫害的苗木。发现病虫害时，立即采取措施，彻底消灭。

增施有机肥，调整水肥管理制度，合理整形修剪，适当疏花疏果，加强管理，增强树势，提高抗病抗虫能力。

2. 阻断病虫危害

在树干基部扎一圈塑料布，或涂黏虫胶，可阻止害虫上树（图 6-5）。

地面培土或覆盖地膜，阻碍越冬害虫出土。春天害虫出土前在树下方圆 1～2 米内用地膜覆盖，可阻止大部分在土中越冬的害虫出土，铺设地膜时要平整地面，无土块或草茬子，防止地膜破损，四周用土封严，面上适当压些土块防风吹走。

图 6-5　缠塑料布阻止害虫上树

在枝干上缠纸或塑料布，树干涂白等可

阻止大青叶蝉产卵。新栽幼树春季套塑料袋既可保水增温提高成活率，也可防止金龟子啃食新发的嫩叶，也有人用旧报纸糊成筒状套住幼树，效果也不错。

3. 诱杀害虫

用性诱剂、糖醋液等诱杀害虫。在距地1.5米的树枝上挂一个装有半盆洗衣粉水的直径20厘米左右的塑料盆，诱芯悬于中央水面以上约1厘米处，害虫受引诱后掉入盆中淹死。性迷向剂可使雌雄成虫找不到交尾对象从而不能产卵，减少后代数量。注意不同诱芯诱杀害虫的种类不同，需选择性购买。

用黑光灯、频振杀虫灯等防控害虫。黑光灯可诱杀多种害虫，一个灯可控制2公顷的范围，频振效果好于黑光灯，杀虫功效为前者的1.9倍，单灯可控制2.67公顷，用太阳能杀虫灯可省去拉电线的麻烦，果园放置时灯高2米为宜。普通的灯光、火堆等也有一定的诱杀效果。

秋季在树干上绑缚草把或诱虫纸板，诱集害虫产卵，然后集中销毁。

4. 利用天敌防治害虫

保护自然界核桃病虫害的天敌，常见天敌有寄生蝇、寄生蜂、益鸟（大山雀、大杜鹃、啄木鸟、灰喜鹊、柳莺）、刺猬、青蛙、螳螂、食螨瓢虫类、草蛉类、花蝽类、捕食螨、步甲、蓟马类、食蚜蝇、隐翅甲类等，在果园发现天敌时要注意保护，加以利用。

人工繁殖放养寄生蜂、赤眼蜂等天敌。

利用线虫、细菌、白僵菌、核型多角病毒等昆虫病原微生物治虫。

果园养鸡鸭，可吃掉部分害虫和杂草。

六、禁止或限制使用的农药

根据农业部第199号公告，国家明令禁止使用六六六、滴滴涕、毒杀芬、二溴氯丙烷、二溴乙烷、杀虫脒、除草醚、艾氏剂、狄氏剂、汞制剂、甘氟、毒鼠强、氟乙酸钠、毒鼠硅、砷类、铅类等18种农药。并规定甲胺磷、甲基对硫磷（甲基1605）、对硫磷（1605）、内吸磷（1059）、久效磷、磷胺、甲拌磷（3911）、氧化乐果、呋喃丹、克百威、涕灭威、三氯杀螨醇、林丹、灭线磷、蝇毒磷、地虫硫磷、氯唑磷、苯线磷等多种农药不能在果树上使用。另外，比九（B_9）、萘乙酸、2,4-D等人工合成的生长调节剂也禁止使用。

核桃园应根据无公害食品、绿色食品、有机食品等不同级别的生产要求严格控制农药的使用，防止产生农药残留。

第七章
核桃周年管理

核桃周年管理是一个动态的、综合的管理过程，不同时期的管理重点不尽相同。按照技术体系分类，可将核桃周年管理分为整形修剪周年管理、土肥水周年管理、病虫害防治周年管理等。

第一节　整形修剪周年管理

一、春季修剪

春季是核桃树结束休眠，开始进入生长季节的关键时期，此期修剪的主要任务是刻芽、掰顶芽、疏萌蘖、抹芽、定梢等，对于新栽幼树和栽后第二年的树还要进行定干，有一些冬季修剪也在春季完成。

1. 2月份（休眠期）

树体还未萌芽，但此时根系已经开始活动，树液流动加快，容易产生伤流，此时是进行冬季修剪的主要时期，对幼龄树，以选留主枝、拉枝、培养树形为主；对盛果期树，以疏除病虫枝、过密枝、重叠枝、下垂枝为主。

2. 3月份（萌芽前）

3月下旬雄花芽开始膨大，混合芽和叶芽芽体开始松动。3月上中旬继续进行冬季修剪，下旬对夏季准备嫁接的实生苗进行剪砧，方法是将一年生实生苗在距地面1～2厘米处剪除。

土壤解冻后开始栽植建园，一直持续到苗木发芽前，大面积建园或从比较暖和的地方调入苗木时，可以将苗子放在冷库中推迟发芽，延长栽植建园时间。

3. 4 月份（萌芽、开花、展叶期）

整形期的幼树通过抹芽或刻芽等方式减少或促进芽的萌发，对长势旺的枝条开张角度、掰除顶芽，缓和生长势。对已成形的大树，要根据具体情况因树修剪，通过拉枝缓和生长势，短截增强长势，也可以通过疏花疏果来调节树势，早实品种可通过短截结果母枝来调节结果量。对树龄在 10 年左右，结果少或不结果、产量低的树，或果实品质差的核桃树，萌芽前后结合树形改造疏缩大枝，准备进行高接换优。

雄花芽膨大期，可疏除 90％ 左右的雄花芽（中下部多疏，上部少疏），雌花开放后采用人工辅助授粉，提高坐果率。萌芽开花期要特别注意预防晚霜危害，在萌芽前或霜冻来临前灌一次水，或树干涂白，可延迟枝条发芽时间，花期要注意收听天气预报，在霜冻来临之前，晚上 12 点至凌晨，在园内点火熏烟增温。

对栽植后抽条干死的树，春季萌发时会萌发多个枝条，待枝条长至 10～20 厘米时，选留一个长势最好的，其余的要及时抹除。在这个过程中要注意检查枝条是从嫁接部位以上萌发还是从嫁接口以下萌发，如果是从嫁接口以下萌发的，要做好标记，在 6 月初进行嫁接。

二、夏季修剪

夏季修剪也叫新梢旺长期修剪，核桃夏季修剪对幼树和初果期树尤为重要，合理的修剪能使树冠结构良好，通风透光，保证树体健壮生长，促进早花早果，通过修剪维持营养生长和开花结果的平衡，为丰产、稳产奠定基础。核桃夏季修剪以 5 月下旬到 6 月底完成最佳。夏季修剪常用的修剪方法有摘心、拧枝、短截、疏枝、回缩、拉枝等。

1. 5 月份（果实膨大期）

从 5 月中旬开始，可疏除过密枝、短截旺盛发育枝和幼树延长枝等，以增加枝量，培养结果枝组，尽快扩大树冠，通过疏果来调整生长势。早实核桃萌芽率高，成枝力强，枝条生长旺盛，因此要注意多进行夏季摘心或者短截，促进枝条充实，防止枝条过长，后部光腿。

对截干后计划高接的树进行抹芽定梢，疏去无用的枝条。

2. 6 月份（硬核期、花芽分化期）

对没有停止生长的旺盛枝条进行摘心，以充实枝条，并促进分枝。

高接换优，在新萌出的新枝下部进行芽接更换新品种，接穗要随采随接，避免长距离运输，接口以上砧梢留 1～2 片复叶后剪去。

注意开张枝条角度，此时容易观察树冠郁闭情况，可根据情况采用开张枝条角度、疏枝等方法解决通风透光问题。

3. 7 月份（种仁充实期）

嫁接后的管理，及时去除萌蘖，当接芽长到 20～30 厘米时解除绑缚物，并要用木棍加固新梢，防止被风刮折，并注意调节枝条的开张角度。

拉枝，7 月底对幼树、初果期树的当年生新梢进行拉枝，以开张角度，缓和生长势。

三、秋季修剪

秋季修剪的主要任务是抑制枝条徒长，采用的修剪方法主要是拉枝、摘心等，同时要控肥控水，使生长势缓和，促进枝条充实，安全越冬，也有利花芽分化。

1. 8 月份（果实成熟前期）

8 月上旬继续进行拉枝。

8 月底摘心，可促进枝条充实。枝条充实是幼树安全越冬的基础之一，这一措施在幼树管理上很重要，幼树易旺长，到落叶时也不停长，枝条先端来不及木质化，其枝条组织幼嫩，水分很多，冬季温度低时被冻死，即我们说的"抽梢"、"干梢"。

2. 9 月份（核桃采收期）

9 月初继续对未停长的枝条进行摘心，以充实枝条，减少越冬抽条。

本月最重要的工作是采收果实，一般在白露以后，部分青皮开裂时采收，采收后及时脱青皮、漂洗、干燥。核桃各品种的成熟期不一致，要分批采收。

3. 10月份（落叶前期）

采果后进行秋季修剪，但修剪量不宜过大，对初果和盛果期树，主要是疏除影响树体结构的大枝、下垂枝、干枯枝、病虫枝等，达到外不挤，内不空的效果。

四、冬季修剪

冬季修剪既影响第二年核桃开花坐果、树体生长、产量高低甚至品质的好坏，又关系到越冬病虫害的发生为害程度，因此必须仔细抓好每一个技术环节。核桃树冬季修剪主要任务有以下四点。

一是根据栽植密度确定合理的树形，调整树体结构，做到大枝分布均匀、枝占满行、骨架牢固、整体通风透光。在此基础上大枝越少越好，级次要少，过多的大枝要果断去掉，特别是影响树体结构的大枝要及早疏除。

二是均衡树势，各主枝间生长势基本平衡。各类枝条生长势的基本标准是中心干比主枝强，主枝比侧枝强，侧枝比枝组强；第一层主枝比第二层主枝强，第二层比第三层强。平衡树势的方法是"势弱留高，势强留低"，即生长势弱的主枝抬高枝头角度，换斜向上枝带头，生长势强的主枝压低枝头角度，用平斜枝带头，调节树体各部分营养均衡。

三是调节负载量。冬季修剪时可根据树势修剪掉一部分结果母枝，根据枝条强壮程度选留结果母枝，枝条壮的多留结果母枝，中庸偏弱的少留结果母枝结果，枝条弱的不留结果母枝。花芽多时可适当多疏，花芽少时要尽量保留。

四是及时局部更新复壮，早实核桃连续结果3～5年、晚实核桃连续结果4～6年后，结果母枝由于分枝级次过多而变得非常细弱，结果能力降低，此时需进行枝组的更新复壮，主枝弱时也要对主枝进行更新，留好预备枝。

1. 11 月份（落叶后期）

11 月刚落叶后是核桃伤流高峰期，一般不进行修剪。

2. 12～翌年 1 月份（休眠期）

核桃大树要进行冬季修剪，只要避开伤流高峰期，冬季修剪好处多多。小树根系较少，吸收能力差，一般不进行冬季修剪，风大易抽条的地方也不进行冬季修剪。

第二节　土肥水周年管理

一、春季土肥水管理

1. 2 月份（休眠期）

有灌溉条件的地方选择晴好的天气灌水，可有效防止核桃抽条。

2. 3 月份（萌芽前）

（1）整地保墒　主要任务是整修梯田，埝边，鱼鳞坑，树盘等。

（2）解除防寒　3 月下旬，对防寒的幼树解除防寒。埋土防寒的先从底部撤土，再逐渐把上部的土扒下后撤去，将苗木扶正。

（3）施肥保墒　秋季未施基肥的园地补施基肥，适量加入化肥。干旱缺水的丘陵坡地等地块可进行穴储肥水、覆膜、覆草等保墒措施。

3. 4 月份（萌芽、开花、展叶期）

浇水促芽，有灌溉条件的地方，在核桃树萌芽前浇一次萌芽水。此时可浅耕一次，有利土壤保墒，蓄积雨水。

二、夏季土肥水管理

1. 5 月份（果实膨大期）

（1）灌水保墒有灌水条件的地方应灌水一次，无灌溉条件的地块，可继续进行覆草、覆膜等措施保墒。

（2）叶面喷肥　5月中旬花期过后，进行叶面喷肥，可喷0.3%的尿素或专用叶面微肥等。

（3）中耕除草　杂草需"锄早、锄小、锄了"，并保证土壤疏松透气。

2. 6月份（硬核期、花芽分化期）

（1）中耕除草　可将锄下的草覆盖树盘或翻压到土中，保墒增肥。

（2）追肥促花　花芽分化前土壤追肥，也可以叶面追肥。追肥以氮肥为主，适当增加磷钾肥，可采用0.3%尿素和0.1%～0.3%的磷酸二氢钾等叶面喷肥。

3. 7月份（种仁充实期）

中耕除草、蓄水保墒，对水源条件较差的地块，要修树盘、覆草等。

三、秋季土肥水管理

1. 8月份（果实成熟前期）

（1）排水防涝　8月雨水多，对容易积水的低洼地，应注意排水。干旱山区、丘陵区以蓄水为主，可挖蓄水池、旱井等。

（2）叶面喷肥　喷0.3%磷酸二氢钾1～2次，促进枝条和果实充实。

2. 9月份（核桃采收期）

施肥在采果后进行，以有机肥为主深施基肥，结合树盘深翻，在树冠外围内侧环状挖沟（穴），或放射状沟，深50～60厘米，每株结果大树施腐熟农家肥50～100千克，复合肥0.5～1千克，与表土混合均匀后施入。

3. 10月份（落叶前期）

深施基肥，方法同9月份，施肥部位应每年轮换，3～5年轮换一遍。

四、冬季土肥水管理

1. 11月份（落叶后期）

（1）深翻　将树盘下的土壤全面深翻，深度20～30厘米，有利于根系生长和消灭越冬虫茧。

（2）清园　铲除杂草，清扫枯枝、落叶等，集中深埋，消灭病虫害。

（3）浇水防冻　土壤封冻前，浇防冻水，利于幼树越冬。

（4）越冬防寒　上冻前，小树弯倒埋土或用编织袋装土埋住枝干，稍大的树可在基部培土防寒，大树树干要涂白防寒。

2. 12～翌年1月份（休眠期）

此时一般不进行土肥水的管理工作，降雪后可堆积冰雪到地里，增加土壤水分，有利树体安全越冬，春季雪融化后可起到灌溉的作用。

第三节　病虫害防治周年管理

一、春季病虫害防治

1. 2月份（休眠期）

主要是刮治腐烂病、枝枯病、溃疡病等；喷5波美度石硫合剂，防治核桃黑斑病、炭疽病等多种病虫；细致地敲击树干砸树皮缝中的刺蛾茧、舞毒蛾卵块；清理土石块下越冬的刺蛾、核桃瘤蛾、缀叶螟茧及土缝中的舞毒蛾卵块。

2. 3月份（萌芽前）

对2月份没有喷石硫合剂的，萌芽前喷3～5波美度石硫合剂，可有效防治核桃黑斑病、腐烂病、炭疽病、螨类、草履介壳虫等多种病虫害的发生。

防治草履介壳虫：可将树干基部刮平，缠一圈塑料膜，再涂

6～10厘米宽的黏胶环，以粘住并杀死上树的草履介壳虫的若虫，也可在根颈及表土喷 6％柴油乳剂或 50％辛硫磷 200 倍液。

3. 4 月份（萌芽、开花、展叶期）

开花前是山楂红蜘蛛越冬雌虫出蛰期，也是喷药防治的关键期，树上可喷 0.4～0.5 波美度石硫合剂进行防治。

注意天牛的危害，见到有新鲜虫粪的排粪孔及时注射敌敌畏等药剂。

及时刮治腐烂病，病斑最好刮成菱形，刮口立茬，光滑平整，刮除范围应超出变色坏死组织 1 厘米左右，且刮下的病屑要集中深埋。刮口需用 50％甲基托布津可湿性粉剂 50 倍液，或 50％退菌特可湿性粉剂 50 倍液，或 5 波美度石硫合剂，或 1％硫酸铜液进行涂抹消毒。

雌花开花前后和幼果期喷 50％甲基托布津 800～1000 液，或 40％退菌特 800 倍液，或 1∶2∶200 的波尔多液，防治黑斑病、炭疽病等病害。

安放频振式杀虫灯、糖醋盆等诱杀金龟子，也可人工捕杀。

二、夏季病虫害防治

夏季正值雨季，也是各种病害易发期，一般在下雨前后喷药防病，同时夏季是各种食叶害虫盛发期，加强田间虫情调查，及时防治食叶害虫，对鳞翅目害虫应在 3 龄之前喷药防治，根据虫情测报注意喷药防治核桃举肢蛾，及时摘除病叶、病果、虫叶、虫果，捡拾落果等减少病虫源。

1. 5 月份（果实膨大期）

核桃新梢生长期，易受蚜虫的危害，可用 10％吡虫啉 2000～2500 倍液防治；用性诱剂监测举肢蛾的发生，树盘覆土，或撒施 25％西维因粉剂 0.1～0.2 千克/株，阻止成虫出土，或树上喷施 50％辛硫磷 2000 液，或 2.5％敌杀死乳油 1500～2500 倍液等；用频振灯、糖醋液等诱杀桃蛀螟成虫。

2.6 月份（硬核期、花芽分化期）

继续采取人工捕杀、频振灯、糖醋液等物理方法防治云斑天牛、芳香木蠹蛾、桃蛀螟成虫等，树上喷 50％杀螟松乳油 1000 倍液防治桃蛀螟，2.5％敌杀死 5000 倍液防治核桃小吉丁虫，50％甲基托布津 800 倍液防治核桃溃疡病、枝枯病、褐斑病等。

3.7 月份（种仁充实期）

捡拾落果、采摘虫害果及时深埋，树干绑草诱杀核桃瘤蛾，灯光诱杀云斑天牛、芳香木蠹蛾、桃蛀螟的成虫等。树上喷 50％杀螟松乳油 1000 倍液防治核桃横沟象、举肢蛾成虫等，喷 10％高效氯氰菊酯乳油 1000 液防治刺蛾、核桃瘤蛾、小吉丁虫等。其他同 6 月份。

三、秋季病虫害防治

1.8 月份（果实成熟前期）

同 7 月份。

2.9 月份（核桃采收期）

结合修剪，剪除枯死枝、病虫枝、叶片枯黄枝及病果集中深埋；注意腐烂病的秋季防治。

3.10 月份（落叶前期）

刮除腐烂病斑，刮口涂杀菌剂，方法同 4 月份。大青叶蝉于 10 月上中旬至霜降前后开始在枝干上产卵越冬，可喷 4.5％高效氯氰菊酯 1500 倍液防治。

树干涂白，有防冻、杀虫、杀菌三重功效，也可阻止大青叶蝉在树干上产卵。

四、冬季病虫害防治

进入休眠期后，为害果树的各种病虫以不同形式进入越冬，潜伏场所一般固定而集中，抓好这一时间的病虫防治，会给来年的病虫防治打下良好的基础，对减轻果园全年病虫为害可收到事半功倍的效果。主要的工作如下所述。

（1）彻底清园　许多为害果树的病菌和害虫常在枯枝、落叶、病僵果和杂草中越冬。因此，冬季要彻底清扫果园中的枯枝落叶、病僵果和杂草，集中烧毁或堆集起来深埋地下作肥料，可降低病菌和害虫越冬数量，减轻来年病虫害的发生。

（2）深翻果园　果园地深翻应在初冬接近封冻时期进行，即把表层土壤、落叶和杂草等翻埋到下层，同时把底土翻到上面，翻园的深度以25～30厘米为宜。经过翻园，既可以破坏病虫的越冬场所，把害虫翻到地表上杀死、冻死或被鸟和其他天敌吃掉，减少害虫越冬数量；又可疏松土壤，利于果树根系生长。

（3）刮皮除害　各种病菌和害虫大都是在果树的粗皮、翘皮、裂缝及病瘤中越冬。进入冬季，要刮除果树枝、干的翘皮、病皮、病斑和介壳虫等，可直接除掉一部分病菌和害虫。将刮下的树皮集中烧掉，刮后用5波美度石硫合剂消毒。

（4）剪除病虫枝　结合冬季修剪除去病虫枯枝，摘除病僵果，集中烧毁，可以消灭在枝干上越冬的病菌、害虫。

（5）树干涂白　大树干上涂刷涂白剂，既可以杀死多种病菌和害虫，防止病虫害侵染树干，又能预防冻害。

（6）绑草把诱虫　入冬前，在果树上绑上草把，诱害虫到草把上产卵或越冬。入冬后再把草取下集中烧掉，杀灭草把中越冬的害虫。

附 录
中国核桃之乡

　　"中国核桃之乡"最初由农业部、国家林业局组织评审，现由中国经济林协会组织评审，自 2000 年开始，目前全国共有 13 个省（区）44 个县（区）被评为"中国核桃之乡"（附表1）。

附表1　中国核桃之乡

省（市、自治区）	县级行政区	时间	省（市、自治区）	县级行政区	时间
甘肃	成县	2001	陕西	洛南县	2000
	康县	2004		商洛县	2000
贵州	赫章县	2001		黄龙县	2001
河北	涞源县	2001		镇坪县	2004
	涉县	2004		临渭区	2012
	平山县	2009		陇县	2012
	临城县	2011		麟游县	2014
	赞皇县	2011		宜君县	2014
河南	卢氏县	2001	四川	南江县	2001
	内乡县	2013	新疆	和田县	2000
辽宁	建昌县	2012		叶城县	2004
山东	东平县	2001		乌什县	2015
	历城区	2008	云南	昌宁县	2000
	泗水县	2012		漾濞县	2000
	汶上县	2012		楚雄市	2001
山西	汾阳市	2000		大姚县	2001
	古县	2000		南华县	2001
	左权县	2001		昌宁县	2004
	黎城县	2004		凤庆县	2004
	灵石县	2011		会泽县	2012
	盂县	2011		鲁甸县	2013
重庆	城口县	2001	湖北	房县	2015

　　资料来源：中国经济林协会。

参 考 文 献

[1] 曹挥，张利军，王美琴．核桃病虫害防治彩色图说．北京：化学工业出版社，2014.

[2] 曹尚银，李建中．怎样提高核桃栽培效益．北京：金盾出版社，2006.

[3] 段泽敏，王贤萍，曹贵寿，等．核桃化学去雄技术研究．山西农业科学，2005，33（1）：39-42.

[4] 刘俊灵，张鹏飞，牛铁泉，等．核桃生物学特性与整形修剪．山西果树，2015，（1）：39-41.

[5] 刘亚令，张鹏飞，段良骅．果园防治病虫的农业技术措施．山西果树，2009，（4）：22-25.

[6] 司胜利．核桃病虫害防治．北京：金盾出版社，1995.

[7] 吴国良，段良骅，刘群龙，等．图解核桃整形修剪．北京：中国农业出版社，2012.

[8] 吴国良，刘和，刘群龙，等．晚实核桃新品种"芹泉1号"．园艺学报，2009，36（10）：1549-1550.

[9] 吴国良．核桃无公害高效生产技术．北京：中国农业出版社，2010.

[10] 吴国良．经济林优质高效栽培．北京：中国林业出版社，1999.

[11] 武之新．枣树优质丰产实用技术问答．北京：金盾出版社，2001.

[12] 郗荣庭，刘孟军．中国干果．北京：中国林业出版社，2005.

[13] 郗荣庭，张毅萍．中国果树志：核桃卷．北京：中国林业出版社，1996.

[14] 郗荣庭，张志华．中国麻核桃．北京：中国农业出版社，2013.

[15] 张明绍，蒲学钉，李仁义，等．核桃采穗圃管理技术．山西果树，2015，（3）：54.

[16] 张鹏飞，刘亚令，牛铁泉，等．果园工具的改进与推广．北方果树，2011，（5）：41-42.

[17] 张鹏飞，刘亚令，杨凯，等．苹果缓势栽培主要措施．山西果树，2014，（6）：10-11.

[18] 张鹏飞，刘亚令，张燕，等．核桃无融合生殖现象及其矿质营养变化研究．安徽农业科学，2006，34（10）：2032-2033.

[19] 张鹏飞，赵志远，宋宇琴，等．核桃果实内总酚含量的分析研究．山西农业大学学报：自然科学版，2013，33（4）：324-327，341.

[20] 张鹏飞．枣树整形修剪与优质丰产栽培．北京：化学工业出版社，2013.

[21] 张鹏飞．图说苹果周年修剪技术．北京：化学工业出版社，2015.

[22] 朱丽华，张毅萍．核桃高产栽培．北京：金盾出版社，2001.

[23] GB/T 20398—2006核桃坚果质量等级．

[24] LY/1922—2010核桃仁．